진공이란 무엇인가

실은 텅 빈 상태가 아니었다

히로세 타치시게·호소다 마사타카 지음
문창범 옮김

전파과학사

말머리에

히치콕의 영화에서는 자주 역전극이 벌어진다. 영화가 끝나갈 무렵, 뜻밖이다 싶을 정도로 스토리가 전환되고, 관객은 숨막힐 듯한 흥분의 절정을 느낀다. 영화가 끝난 후에도 오랫동안 그 역전극의 장면이 인상 깊게 뇌리에 새겨지는 것이다.

자연과학 연구의 역사 속에도 히치콕 영화에 결코 뒤지지 않을 굉장한 역전극들이 있어 왔다. 즉 오랫동안 당연하다고 생각되었던 것들이 한 사람의 천재로 인하여 전혀 별개의 것으로 해석되고 마는—그 통쾌하고도 재미있는 과학 드라마 중 하나가 곧 '진공 연구'이다.

진공 드라마의 막은 아리스토텔레스류의 그리스 철학자들에 의해 먼저 올라간다. 그로부터 약 2000년 동안 사람들은 과학적 실증을 얻지 못한 채 때로는 궤변을 통해 진공을 여러 가지로 논해 왔다. 이것은 막연한, 즉 매달릴 데가 없는 진공을 그럴싸하게 해석하려 하는, 소위 논리학의 게임이었다.

제2막은 근대과학이 꽃핀 17세기의 유럽이 무대가 되었다. 사람들은 여기서 과학적인 수단과 방법을 이용하여 진공의 존재를 실증하려고 노력했다. 진공이란 '아무것도 없는 텅 빈 상태'라는 것이 시대의 공통된 이해였다. 그래서 어떻게든 이 공허한 공간을 인공적으로 만들어 보려고 고심했다. 그러한 노고는 반세기도 걸리지 않는 동안 실현된 것처럼 보였다. 오늘날에 있어서도 진공에 관해 상식적으로 이해하고 있는 것은 이러한 '텅 빈 상태'가 아닐는지. 이것은 사실상 19세기까지의 고

전물리학적인 이해이다. 20세기에 들어와 결국 진공 연구에 역전극이 벌어졌다. 대천재 디랙(Dirac)이 등장한 것이다. 그는 "아무것도 없는 것처럼 보이는 진공상태가 사실 물질로 가득차 있고, 우리는 그 물질을 얼마든지 꺼낼 수 있다. 그리고 꺼내고 난 뒤의 그곳에는 구멍이 생긴다."라고 주장하였다. 기상천외하다고밖에 할 수 없는 그의 주장은 하나둘씩 실험적으로 검증되었고, 오늘날에 이르러 그의 이론은 더욱 발전되어 결국 풍부하고도 재미있는 진공의 성질을 밝혀내었다.

진공은 소립자 같은 미시적인 세계에서부터 우주 공간의 구석구석까지 걸쳐 있다. 그러므로 진공을 생각하는 것은 소립자나 우주에 눈을 돌리는 것이기도 하다. 특히 충만한 진공은 우주의 창출을 규명하는 열쇠를 쥐고 있다. 그러면 디랙이 주장하는 진공이란 무엇인가. 진공 중에는 무엇이 들어차 있는 것일까. 또 그것들을 어떻게 꺼낼 것인가.

이 책에서 우리는 역전극에 이르기까지의 진공 연구의 긴 역사를 되돌아보도록 하자. 다음으로 클라이맥스라고도 할 수 있는 역전극을 자세히 들여다보기로 한다. 소립자라고 하는 극미세계로부터 대우주라고 하는 극대 세계를 무대로 하여 진공이 갖는 무수하고 불가사의한 성질을 규명해 보고자 한다. 이 책을 출판하며, 과학도서 출판부의 야나기다 씨에게 여러 가지로 도움을 받았다. 깊은 감사를 드린다.

저자

차례

1장

들어가는 말

—주변에 존재하는 진공

1. 진공과 일상생활

요즈음 슈퍼마켓에 가면 진공 팩으로 포장된 식품을 많이 볼 수 있다. 햄, 소시지, 고기 등과 같은 날 식품이 있는가 하면 떡도 있다. 한 개씩 진공 팩으로 포장된 떡은 곰팡이가 피는 일이 없으며 오랫동안 보존할 수 있다. 떡을 좋아하는 사람은 먹고 싶을 때 사 먹을 수 있고 정월 명절 때가 아니어도 떡국을 끓여 먹을 수가 있다. 계절 감각이 없어졌다 하여 투덜대는 사람도 있긴 하지만 그만큼 생활이 편리해졌다고도 할 수 있다. 여기서 진공 팩이란 폴리비닐 주머니 속에다 음식물을 넣고 공기를 뺀 것이다. 음식물이 썩는 것은 공기 중에 떠다니는 세균이 부착한 결과 생기는 것이므로 공기가 없으면 부패를 막을 수 있는 것이다. 공기는 인간에게 있어서 없어서는 안 되는 존재이지만 때로는 해를 끼치기도 한다.

현대 생활 중에서 진공이 이용되는 예는 참으로 많다. 보온병*도 그 한 예이다. 보온병에는 이중구조로 된 유리 용기가 사용되고 있고, 벽과 벽 사이의 공기를 빼놓았다. 열은 공기를 타고 달아나기 때문에—사실상 공기가 열을 빼앗아 가기 때문이다—공기를 빼서 열의 방출을 막는 것이다. 이야기가 빗나갔지만 영국에서는 진공병(Vacuum Bottle)이라고 불리며, 독일에서는 절연병(Isolier Flasche) 또는 열병(Thermos Flasche)이 라고도

---

* 역자 주: 우리나라에서는 아직도 이러한 보온병을 마호병이라고 부르는 사람들이 있는데 사실 이 마호라는 단어는 마법(魔法)의 일본어 음이다. 따라서 병의 기능과는 전혀 관계가 없는 말로서 보온병이라는 단어가 아주 적절한 표현이다. 왜냐하면 진공을 만들어주는 이유가 처음의 온도를 유지 시켜주기 위한 것이기 때문이다.

〈사진 1-1〉 보온병. 영어로는 Vacuum
Bottle(진공병)

한다. 진공자동차라고 하면, "글쎄." 하고 머리를 갸웃거릴 사람이 있을지도 모른다. 길모퉁이에서 향기(?)를 풍기며 활약하는 그 진공차 말이다. 진공 펌프를 이용해서 예의 그것을 뿜어 올린다. 최근, 채혈할 때 작은 진공 시험관을 사용하는 경우가 있다. 주삿바늘을 혈관에 꽂고 그 끄트머리에 진공 시험관을 연결한다. 조금 있으면 적당량의 피가 그 속에 고이게 된다. 그대로 혈액 검사에 사용될 수가 있어 간호사의 부담이 훨씬 경감된다.

우리 인간은 공기를 마시며 살아가고 있다. 인간이 태어났을 때 제일 먼저 체내로 들어오는 것이 공기이다. 엄마의 젖이나 영양가 있는 음식이 아니다. 그러나 공교롭게도 지금 그 공기를 배제함으로써 생활상 각양각색의 이점(Merit)을 얻고 있다.

진공차가 생겨나지 않았더라면 어떻게 되었을까? 진공펌프가 없었다면 건축공사는 제대로 진척되지 않았을 것이다. 진공팩 덕분에 우리의 식생활은 말할 수 없이 편리해졌다. 진공은 말하자면 현대 문명의 바로미터(Barometer, 척도)라고 할 수 있을 것이다.

2. 진공이란 도대체 무엇일까

"진공이란 무엇입니까?" 초등학교 6학년 어린이에게 이렇게 질문해 보았다. 그들 대부분은 다음과 같이 대답하였다. "공기가 없는 상태입니다.", "아무것도 없는 것입니다."라고. "물질이 없는 것입니다."라고 대답한 어린이도 있었다. 영업사원으로 일하는 친구에게 같은 질문을 던져 보았다. 그는 빙그레 웃으며 대답하였다. "진공이라는 것은 진짜 비어 있는, 즉 아무것도 없는 공허한 상태야." 주부, 샐러리맨, 혹은 문과 계통의 학생 등 이공계열 학과와 직접적으로 관계하지 않는 사람들이 그리는 진공상(보통 이미지라고 부른다)도 위에서 나온 대답들과 거의 큰 차이가 없을 것이다. 여기서 모든 사람의 지식수준이 초등학생 수준이라는 것을 말하려는 것이 아니다. 그렇기는커녕 위의 어느 대답도 모두 꽤 타당하다는 것이다.

사람들은 진공에 대해서 어렴풋이 어떤 이미지를 갖고 있다. 그러나 그것은 "진공이란 이런 것이다."라고 단언할 정도의 확실한 이미지는 아니다. 이것이 더욱 적절한 표현이 아닌가 생각한다. 여기서 좀 더 질문을 던져 보기로 하자. "그렇다면, 진공을 아무것도 없는 상태라고 생각했을 때 이 아무것도 없는 이 아무것이라는 것은 과연 무엇입니까?" 몇 번이라도 반복해서 아무것이라는 말이 나오더라도 "아무것이 무엇인가, 정말 확실히는 모르겠다."고 이 문제를 내팽개쳐 버리지 않길 바란다. 질문을 계속해 보자. "아무것도 없는 상태(진공)는 인공적으로 실현할 수 있는 것입니까?", "이 세계, 대우주의 어딘가에 그러한 진공이 존재합니까?"라고. 거꾸로 생각해 보자. "만일 우주 안에 진공지대가 있다면 어떻게 될까?", "그때 그러한 공허한 공간에도 중력, 즉 인력이 전해질까? 또 빛은 그곳을 통화할 수 있을까?"라고.

빛은 전기와 자기파—소위 말하는 전자파—라고도 일컬어진다. 최근에는 중력파라는 말도 들린다. 들어본즉 중력(인력)도 파의 일종이라고 생각해도 좋을 것 같다. 파(Wave)는 매질을 통하여 전해진다. 예를 들어, 우리들이 내는 목소리 등의 음파는 공기라는 매질의 진동에 의해서 그 소리가 전달된다. 물이라는 매질이 없다면 바다의 파도 같은 것은 생각해 볼 수도 없다. 그러면 빛도 중력도 그것들이 파인 이상 매질이 없으면 전해지지 않을 것이다. 이 이론을 더욱 진전시켜보면 다음과 같은 것이 된다. "만일 우주 안에 진공 지대가 있다면 거기에는 매질이 없기 때문에 빛은 더 이상 나아가지 못하고 멈추어 버린다. 물론 중력도 전해지지 않는다." 정말로 그럴까? 비록 우주 공간이 (완전한) 진공이 아니더라도 공기가 꽤 희박하리라는 것은 쉽게 추측할 수 있다. 우주 비행사가 우주 유영을 할 때 우주복을 입고 산소통을 짊어지고 있는 것은 그 때문이다. 음은 공기가 희박해질수록 전해지기 어렵게 된다. 빛이나 중력에도 똑

같은 이유가 성립된다면 진공에 가까운 우주 공간에서는 빛이나 중력이 전달되기 어렵다. 즉 빛이나 중력도 약해질 것이다. 하지만 실제로는 그런 이상한 일은 벌어지지 않는다. 태양빛도 멀리 있는 별빛도 희박한 가스로 찬 우주 공간을 통하여 우리 지구에까지 비치는 것이 아닌가? 빛은 오히려 지구 둘레에 있는 가스(공기)로 인해 산란하여 약해진다. 중력 또한 우주 공간을 통하여 전해진다. 태양의 중력은 지구뿐만 아니라 천왕성(Uranus)이나 해왕성(Neptune)과 같은 훨씬 멀리 떨어진 행성에도 그 작용을 한다.

힘이나 빛의 전파를 생각하면 진공이 단순히 텅 빈, 수학적으로 말해 제로의 공간이라고는 생각되지 않는다. 외적인 조건에 따라 유연하게 변화하는 다양한 성질이 숨겨져 있는 듯한 느낌이 드는 것이다.

2장

진공을 찾아서

1. 진공과 자연관

지금으로부터 2400년 전 그리스 시대의 사람들은 이미 진공을 생각하고 있었다. 그렇게 오랜 옛날에 왜 진공에 대해서 말하지 않으면 안 되었던 것일까? 진공이 자연관이나 우주관에 어떻게 변화를 가져다주었을까?

근대 과학이 싹트던 17세기까지 '진공'이라는 정체 모를 상태에 대하여 정면으로 대립하는 두 가지 해석이 있었다. 진공은 없다고 하는 '진공 부정론'과 진공은 실재한다고 생각하는 '진공 긍정론'이다. 실험에 의해 진공을 실증할 수 없었던 그 시대에는 진공이란 소위 사고의 산물이었다. 어떤 해석을 하더라도 진공의 정체를 과학적인 방법으로 규명할 수 없었기 때문이다.

"진공이란 물질이 없는 공허한 공간이다."라고 규정한다면 진공과 물질을 따로 떼어 의논한다는 것은 난센스가 된다. 오히려 "진공은 물질에 의해 규정된다."고 생각하는 것이 좋으리라. 따라서 "진공이란 대체 무엇인가?"라는 질문은 "물질이란 도대체 무엇인가?"라고 묻는 것과도 같다. 물질에의 관심은 뒤를 바꿔보면 진공에 눈을 돌려 진공의 본질을 풀어보는 것으로 이어진다. 그러므로 그 시대의 물질관으로서 진공 문제가 항상 따라다녔던 것이다.

2. 세 사람의 위인(偉人)

그리스 시대의 문화 중심지 아테네는 세 사람의 위인을 탄생

〈그림 2-1〉 아리스토텔레스

시켰다. 소크라테스(기원전 470~399), 플라톤(기원전 427~347) 그리고 아리스토텔레스(기원전 384~322)이다. 외양 따위는 개의치 않고 정력적인 대화로 '인간의 덕'을 설파한 소크라테스, 그는 자연에는 눈도 주지 않았다. 소크라테스의 제자 플라톤은 귀족 출신의 맵시 있는 미남자였다. 플라톤의 눈길은 현실을 떠나 영원불멸의 이상적인 세계—소위 이데아의 세계—로 집중되었다. 지상의 현상에는 눈도 돌리지 않은 플라톤에게 자연과학의 센스를 기대하기는 어렵다. 과학의 시작은 그의 제자 아리스토텔레스까지 기다려야만 했다.

아리스토텔레스의 관심은—플라톤이 꽃의 이데아를 추구했던 것과는 달리—지상에 피는 꽃이었다. 에게 해의 해변으로 나와 생물을 관찰하는 등, 그는 개개의 물질을 출발점으로 하여 경험을 쌓아갔다.

그는 또 플라톤이 이데아의 그늘에 불과했던 운동이나 현상의 변화에 대하여 그 원인을 찾으려고 했다. 주목해야 할 것은 운동과 관련지어 진공에 대한 고찰을 서술한 것이다.

3. 자연은 진공을 꺼린다

아리스토텔레스는 자연계의 운동을 '자연운동'과 '강제운동'이라는 두 개의 형태로 나누었다. 별이나 태양은 같은 속도로 원운동을 한다. 이것이 자연운동이다. 이해 반해 지상의 물체를 움직이게 하려면 끊임없이 힘을 가하지 않으면 안 된다. 그렇지 않으면 그 물체는 언젠가 멈추어 버리고 만다. 이러한 운동을 강제운동이라고 하여 자연운동과 구별된다. 강제운동의 일례로써 작은 돌을 던질 경우를 생각해 보자. 손을 떠난 작은 돌에는 힘이 작용하지 않는 것처럼 보인다. 그럼에도 불구하고, 작은 돌은 운동하고 있다. 이것을 어떻게 이해해야 할까? 여기에서 대천재 아리스토텔레스는 교묘한 설명을 준비한다. "돌을 던질 때 돌과 함께 주위의 공기가 움직인다. 돌이 전진하면 돌 뒤에 진공 상태가 만들어진다. 그러나 공기는 끊이지 않고 이어짐이 분명하다. 그러므로 돌 뒤에 공기가 들어가 그 공기에 눌려 돌은 계속 날아간다." 좀 억지처럼 생각되나 꽤 괜찮은 생각이다.

아리스토텔레스의 운동론에서는 진공이 있어서는 안 된다. 진공이 있으면 돌은 날아가지 않는다. 진공에 대해서 아리스토텔레스는 한 번 더 다짐을 한다. “만일 진공이 존재한다면 무거운 물체든 가벼운 물체든 같은 속도로 운동하지 않으면 안 된다. 그런 어처구니없는 일이 있을 리 없다. 진공 따위는 어디에도 존재하지 않는다.”

현재는 공기가 돌을 밀어주기는커녕 그 운동을 방해한다는 것 정도는 모두 다 알고 있다. 하지만 당시에는 공기에 대해서조차 거의 아는 바가 없던 시대였다. 그러나 아리스토텔레스는 당시의 아테네가 자랑하는 대천재였다. 그의 운동론은 정연하기도 하고, 또 당시의 사람들에게 있어 파고들 여지도 없었다. 아리스토텔레스에 반대할 수 있는 사람은 누구 한 사람도 없었다. 아리스토텔레스 이래로 “자연은 진공을 꺼린다.”는 것은 학자들의 일치된 말이 되었다. 이리하여 근대과학이 싹트는 17세기까지 아리스토텔레스의 진공 혐오는 서구의 자연관을 지배한 것이다.

4. 진공 혐오를 뛰어넘다

14세기경부터 16세기에 걸쳐 이탈리아에서 르네상스(문예부흥)가 일어났다. 사상, 문학, 미술, 건축 등의 분야에서 고대 그리스 문화의 재생을 목표로 하여 활발한 움직임이 전개되었다. 예를 들면, 미술 분야에서는 레오나르도 다빈치, 미켈란젤로, 라파엘로와 같은 우리에게도 잘 알려진 사람들이 있다. 르네상스의 새로운 동향은 당연히 학문에도 커다란 영향을 미쳤다. 아리스토텔레스의 진공 혐오에 대전환이 일어난 것도 이 시대이다.

17세기에 들어 정치, 경제의 눈부신 발전 속에서 대포와 화폐의 존재가 중요하게 되었다. 대포와 화폐를 제조하려면 금속이 필요하다. 금속을 구하려고 이탈리아의 광산의 얕은 장소는 모두 다 파헤쳐졌다. 그런데 훨씬 깊은 장소를 파 들어갔을 때 생각지 않은 문제가 생겼다. 지하수의 배수로 사용되어온 펌프가 10미터 이상의 깊은 곳에 있는 물을 퍼 올리려 하자 전혀 말을 듣지 않는 것이다. 광산업자는 매우 당황했다. 곤란해진 그는 마침내 갈릴레이(1564~1642)에게 울며 매달렸다. 갈릴레이라 하면 아리스토텔레스의 천동설*—지구가 우주의 중심이며 지구의 주위를 태양과 별 등 우주가 움직인다는 지구 중심설—에 정면으로 반대한 17세기의 대물리학자이다.

광산업자의 요구에 대해서 갈릴레이는 말했다. "그것은 결국 자연이 얼마나 진공을 꺼리고 있는가의 문제가 되는데…" 만일 아리스토텔레스가 말한 것처럼 자연이 진공을 꺼린다면, 펌프로 진공 상태를 만들어 주면 될 것이었다. 그 진공을 메꾸기 위해 물은 진공과 맞서서 얼마든지 올라올 것이 확실했기 때문이다. 그런데 실제는 그렇지 않았다. 물은 10미터까지는 올라오나 그 이상이 되면 재빨리 진공을 채우려 하지 않았다. 여기서 갈릴레이의 직감력은 예리했다. "자연은 진공을 꺼리지 않는다. 자연계에는 진공이 존재함에 틀림없다." 갈릴레이는 우주관뿐만 아니라 진공의 존재에 대해서도 아리스토텔레스의 불합

---

* 역자 주: 지구 중심설인 천동설은 사실 프톨레마이오스에 의해 기원전 140년경 제안되었다. 이후 14세기동안 인정 받다가 코페르니쿠스에 의해 1543년 태양 중심설인 지동설로 대체되었다.

리를 지적한 것이다. 하지만 갈릴레이에게도 비난받을 점이 있었다. 진공의 존재를 실험을 통해서 과학적으로 검증하려 했지만 실패하였다. 실험을 통해서 자연법칙을 추구한다는 것이 갈릴레이의 연구 태도였다. 자연에 대한 해명은 철학이나 논리학에 의해 이루어져서는 안 된다. 어떤 생각이 올바른가 아닌가는 객관적인 방법(즉 실험)을 통해 판정되어야만 한다. 갈릴레이의 이와 같은 생각 속에는 이미 근대과학이 싹트고 있음을 엿볼 수 있다.

그런데 만년의 갈릴레이 밑에 토리첼리(1608~1647)라는 유능한 조수가 있었다. 갈릴레이는 죽기 2년 전쯤(1641)에 양쪽 눈을 모두 실명한 상태였다. 이때 토리첼리가 갈릴레이의 구술필기를 해주었다. 갈릴레이의 저서 '신과학대화(新科學對話)'의 마지막 부분은 토리첼리의 도움으로 만들어졌다. 토리첼리는 진공에 대해서도 스승 갈릴레이로부터 시사 받았을 것이리라. 진공의 존재는 그때까지의 낡은 세계관을 일거에 깨뜨리는 것이다. '어떻게 해서든 진공을 만들 수는 없을까?' 토리첼리는 생각에 몰두했다. 그러한 그의 뇌리에 하나의 아이디어가 떠올랐다.

5. 맨 처음의 진공

여기에 긴 시험관(10미터 이상)이 하나 있다고 하자. 한쪽 끝은 닫혀 있고, 다른 한쪽이 열려 있는 유리관이다. 그리고 물을 넣은 통을 준비한다. 시험관에 물을 채우고 열린 구멍을 손으로 막으면서 물을 흘리지 않도록 하여 수통 속으로 넣는다. 여기서 손을 떼었을 때 시험관의 물은 어떻게 될까?

(A) 전부 흘러나가고 만다.

(B) 일부가 흘러나가고 나머지 물은 일정한 높이에 머문다.

(C) 전혀 흘러나가지 않고 시험관은 완전히 물로 채워진 채로 있다.

정답은 (B)이다. 이때, 시험관 속의 물의 높이는 거의 10미터가 된다. 펌프 물이 10미터 이상은 올라가지 않는다는 경험으로 이것을 예상할 수 있다—만일 10미터 이상 되는 길고 긴 유리관이 있다면 유리관 속의 물로부터 윗부분(그러니까 10미터보다 높은 부분)은 텅 빌 것이 틀림없다. 그리고 거기가 진짜 진공인 것이다. 이러한 실험이 가능하다면 사람들 눈앞에서 진공의 존재를 실증할 수 있다. 토리첼리는 이렇게 생각했다. 하지만 유감스럽게도 토리첼리 시대에는 이러한 긴 유리관을 만들 수 없었다. 설령 만들었다 해도 집 벽에 세워 실험이라도 하려고 하면 뚝 깨어져 버리고 말았을 것이다.

토리첼리가 이것저것 머리를 쥐어짜고 있을 때 갑자기 좋은 생각이 떠올랐다. '그렇다. 물보다 무거운 액체를 사용하면 짧은 유리관으로 해결이 된다. 수은을 사용해 보자.' 수은(水銀)은 물보다 13.6배나 무겁다. 수은주(住)의 높이는 물에 비해 그 무거운 만큼 낮아질 것임에 틀림없다. 수은을 사용하면 1미터 정도 되는 시험관만 있으면 충분하다. 먼저 얘기한 방법과 같은 방법으로 토리첼리는 수은을 넣은 시험관을 수은 용기에 거꾸로 세웠다. 그러자 수은의 일부는 흘러나가고 76㎝의 높이에서 멈추었다. 예상대로 수은 위에 빈 공간이 생긴 것이다. 드디어 토리첼리는 처음으로 진공을 만들어 내는 데 성공한 것이다.

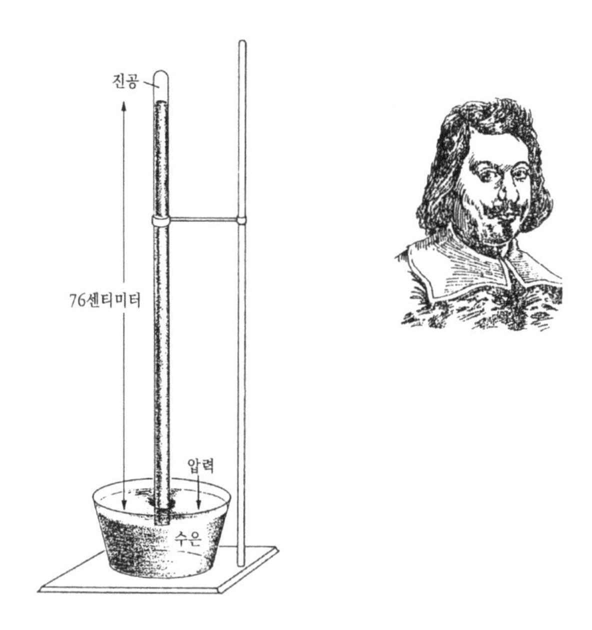

〈그림 2-2〉 토리첼리와 그의 실험 상자

"물 대신에 수은을 사용한다. 단지 그것뿐이야."하고 웃어넘길 일이 아니다. 그 무렵에는 진공 그 자체가 비상식적인 것으로 외면당하고 있던 시대였다. 대기압의 존재조차도 알지 못했다. 중세 사회의 비과학적인 공기가 끈질기게 남아 있었다. 토리첼리는 그러한 상황에서 실험했던 것이다. 수은을 사용한다고 하는 아이디어도 굉장했거니와 상식으로의 도전이라는 의지에도 박수를 보내야 한다.

토리첼리는 계속 실험을 했다. 먼저 용기에 수은과 물을 넣는다. 당연히 물은 수은의 위에 층을 형성한다. 이러한 물과 수은의 이중층을 이용하여 토리첼리는 실험을 했다. 처음에 수은을 채운 유리관 하단을 수은층에 넣는다. 이것은 토리첼리의 실험 그 자체이다. 수은은 76㎝의 높이에서 멈춘다. 거기서 유리관을 조금씩 끌어 올린다. 그러면 유리관 하단이 물층으로 옮겨가는 동시에 수은은 관에서 흘러나오고 물은 격렬한 기세로 관을 채워 올라갔다. 수은주의 상부에 있던 빈공간은 거의 물로 채워져 버리는 것이다. 그 빈 공간이 진짜 진공이 아니라면 그곳이 전부 물로 채워질 리가 없다. 빈틈없이 물이 들어가 빈 공간이 없어진다는 것은 그곳이 진공임을 의미한다. 토리첼리에게는 진공의 존재는 이제 움직일 수 없는 사실로 생각되었다.

6. 마그데부르크의 반구(半球)

토리첼리의 실험 결과는 금방 공표되지 않았다. 진공은 교회에서 금기시되어 있었다. 진공을 공표하면 교회의 노여움을 사게 된다. 갈릴레이의 제자들은 이 일을 두려워하여 실험 결과를 비밀로 했다.

토리첼리는 수은이 일정한 높이(76㎝)에 머무는 것을 다음과 같이 생각했다. “원인은 관속에 있는 것이 아니라 밖에 있다. 용기의 수은 표면은 대기(大氣)에 맞닿아 있는데 관내의 수은은 대기와 접촉해 있지 않다. 만일 공기에 무게가 있다면 그것은 용기의 수은에만 압력을 미친다. 그 결과 수은이 눌려 76㎝의 높이가 된 것이다.”

그러나 토리첼리의 일련의 실험에도 불구하고 사람들은 그다지 진공을 인정하려 들지 않았다. “수은주 위에는 눈에 보이지 않는 기(氣)가 있다.” 이렇게 얘기하며 진공의 존재에 트집을 잡는 사람이 있었다. 여기서 프랑스의 천재 파스칼(1623~1662)이 등장한다.

파스칼은 1646~1647년에 걸쳐 다음과 같은 공개 실험을 행하였다. 유리관 2개와 용기 2개를 이용하여 2조(組)의 토리첼리의 실험을 할 수 있도록 했다. 단, 한쪽은 물을 사용하고 다른 한쪽은 포도주를 이용했다. "그러면 입회해 주신 여러분, 여기에 물과 포도주가 있습니다. 이것으로 토리첼리의 실험을 했을 때 어느 쪽이 유리관을 더 높이 올라가겠습니까?" 이렇게 말하며 입회인에게 결과를 예상토록 했다. "포도주는 휘발성이 있으며 물에 비해 더 많은 기(氣)를 발산한다. 그 기는 포도주를 밀어 내린다. 그러므로 물 쪽이 포도주보다 높아질 것임에 틀림없다." 사람들은 이렇게 예상했다. 그런데 결과는 예상과 반대로 물 쪽이 낮게 내려가고 말았다. '기'라는 정체모를 것을 생각해볼 필요는 없다. 포도주라도, 물이라도 또 수은이라도 어떠한 액체를 사용해도 진공을 만들 수가 있다. 이렇게 해서 만들어진 진공은 액체의 종류에는 관계하지 않는 것이다. 파스칼은 또 높은 산 정상이나 중간 지점에서 수은주의 실험을 하여 산을 오름에 따라 진공 부분이 길어—수은주가 낮아—짐을 확인했다. "높이에 따라 진공이 진공을 꺼려하는 정도가 달라져도 좋은 것일까? 산정상과 지상에서는 공기의 농도에 차이가 있다. 공기가 희박하면 그 압력은 적고 수은주를 끌어올리는 힘이 약해진다. 그러므로 산 정상에서는 수은주가 낮아진다." 이것이 파스칼의 주장이다.

마지막으로 하나 더 진공에 대한 기상천외한 실험을 소개해 두자. 1654년 독일의 물리학자 게리케(1602~1686)는 레겐스부르크에서 국왕 이하 제후들 앞에서 대규모로 극적인 쇼를 벌였다. 지름 40㎝인 반구(半球)를 두 개 합쳐서 그 안에 있는 공기를 빼고 말 여덟 마리씩 양쪽에서 끌도록 했다. 하지만 두 개의 반구는 떨어지지 않았다. 두 개의 반구에는 5톤이나 되는 대기압이 작용하고 있었다. 거기서 다시 한 번 공기를 넣으니까 간단하게 반구는 갈라졌다. 이 실험은 게리케가 마그데부르크 시장이었던 것을 기념하여 '마그데부르크의 반구 실험'이라 불린다. 두 개의 반구는 지금도 뮌헨 박물관에 보관되어 있다. 토리첼리, 파스칼 그리고 게리케로 이어지는 일련의 실험을 통해 진공의 존재는 확증되었다고 해도 좋은 것인가? 확실히 진공을 인정하는 학자는 늘고 있다. 하지만 그것도 또한 "진공은 미세한 물질로 채워져 있고 진공은 있을 수 없다."고 주장하는 학자도 있다. 프랑스의 철학자 데카르트(1596~1650)가 그 중의 한 사람이다. '나는 생각한다, 고로 존재한다'는 유명한 말을 남긴 데카르트는 수학과 자연과학에도 폭넓은 재능을 발휘하였다. 토리첼리가 발견한 상부의 공간은 정말로 아무것도 없는 것일까? 눈에 보이지 않는 실험으로도 알 수 없는 무언가 미세한 물질이 있어서는 안 되는 것일까? 데카르트의 자연관이나 우주관에 따르면 그러한 미세한 물질이 필요했다.

진공 논쟁은 더욱 발전하지만 여기서는 일단 2000년에 걸친 진공 연구의 드라마에 막을 내리기로 하자. 이 이상 진공에 관한 이야기를 계속하고자 한다면 힘(力)에 대한 지식이 필요하기 때문이다. 데카르트의 주장을 이해하려면 '힘이란 무엇인가', '힘은 어떻게 발생해서 전파되는가'라는 힘의 본질에 돌입해야만 한다.

3장

진공과 물질

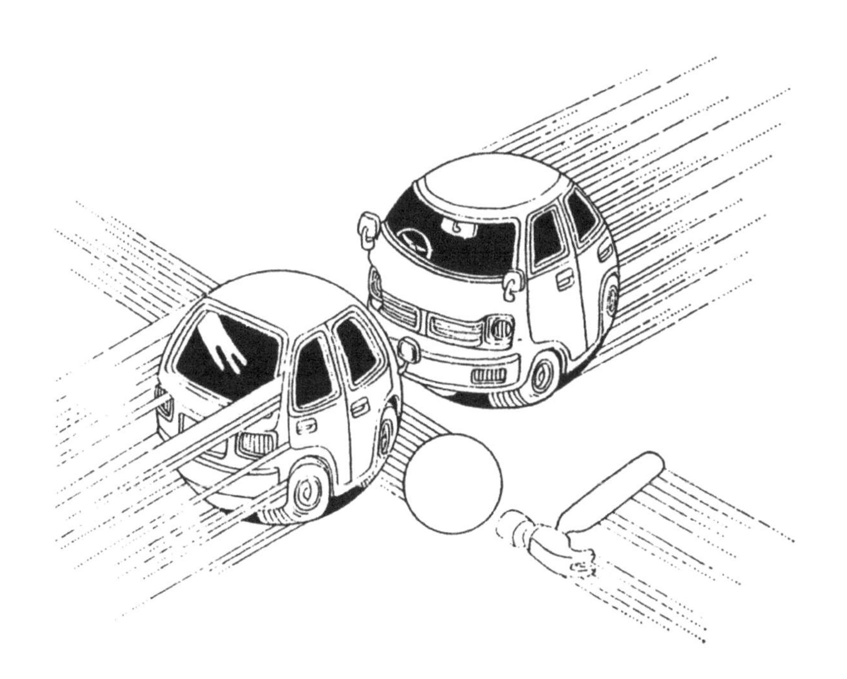

1. 진공을 쫓다

토리첼리는 스스로 한 실험을 통해 수은주의 상층부에는 진공이 생긴다는 결론을 내렸다. 파스칼의 실험은 기(氣)의 존재도 부정한 것처럼 생각된다. 결국 그들이 추구한 진공이라는 것은 '아무것도 없는 상태'였다. 여기서 또다시 '아무것이란 무엇인가'하는 예의 그 문답으로 되돌아가고 만다.

구체적인 예를 들어 생각해 보자. 지금 여기에 병 하나가 있다고 하자. 이 병을 진공 상태로 만드는 것이다. 병 속에 돌멩이와 같은 고체가 들어있다면 병을 거꾸로 하여 전부 그것을 꺼낸다. 물이나 수은과 같은 액체도 마찬가지로 제거한다. 이렇게 고체나 액체는 간단하게 제거할 수 있다. 만일 물이 병의 벽에 붙어있다면 병을 가열하여 증발시키면 된다. 좀 귀찮은 것은 공기와 같은 기체(가스)이다. 기체는 병을 거꾸로 해도 안 되므로 진공 펌프를 사용하여 배기한다.

아무것도 없는 상태로 만들려면 이 공기를 제거해야만 한다. 만일 이상적인 펌프가 있어 공기를 모두 제거할 수 있다면 거기에는 아무것도 없는 상태, 즉 진공이 실현되게 된다. 그러면 토리첼리 등은 그러한 진공을 실현했었을까? 사실은 그들이 만들어 보인 것은 엄밀하게 말하면 진공이 아니었다. 물이나 수은이나 포도주와 같은 액체는 모두 증발에 의해 증기를 발산한다. 그러므로 토리첼리의 실험에서 수은주 위에 생긴 빈 공간에는 수은 가스가 있었음이 틀림없다. 물론 그것은 실험으로는 검출되지 않을 정도의 미량이었지만.

2. 분자를 없애다

앞 절에서 이상적인 진공 펌프로 기체를 모두 배제한다고 했다. 그러나 이것은 어디까지나 이상적인 펌프를 사용한 경우이다. 바꾸어 말하면 이상적인 펌프라는 것은 기체를 모두 배가시킬 수 있는 펌프라는 의미이다. 이러한 이상적인 펌프를 제조할 수 있을까? 대답은 'No'다. 그렇다면 인간 손으로 (완전한) 진공을 만들 수는 없다는 것이 된다. 진공(에 가까운 상태)을 만드는 것은 아무래도 어려운 문제일까? 우리는 어느 수준가지 진공에 접근할 수 있을까? 이 질문에 답하기 위해 한 걸음 더 나아가 "기체란 무엇인가? 기체에는 어떠한 성질이 있는가?"를 생각해 보기로 하자.

공기를 예로 들자. 주성분은 질소와 산소이다. 기체를 포함해 모든 물질은 미소(微小)한 요소로 되어 있다. 이 요소를 분자라고 부른다. 공기도 예외는 아니다. 질소 분자와 산소 분자가 다수 모여 있는 것이다. 한 잔의 컵이라는 공간에는 컵만큼의 기체 분자가 들어 있는 것이다. 기체의 종류에는 관계없이 체적과 분자 수 간에는 다음과 같은 법칙이 성립된다. '1기압의 기체는 0도(0℃)일 때 22.4리터의 체적에 6×10^{23}개의 분자를 내포한다'. 이것을 이 사실의 발견자 이름을 따서 '아보가드로의 법칙'이라 부른다. 여기서 10^{23}이란 0을 23개 늘어놓은 수이다. 예를 들면 10^2은 100, 10^3은 1,000이다. 결국 10^{23}라 하면 1조 개(10^{12})에다 1000억(10^{11}) 배를 한 것이 된다. 이만큼의 분자가 1되들이 병 12개(22.4 리터) 정도 되는 공간에 들어 있는 것이다. 이들 분자가 한 알도 남지 않고 제거되었을 때 완전한 진공이 된다.

완전한 진공을 인공적으로 만들 수 없다면 진공의 정도(진공의 불완전함 또는 완전함)를 나타내는 일이 필요하다. 토리첼리가 이용한 수은주에서 그 진공도를 측정하도록 해보자. 수은주를 갖고 들어가기에 충분한 공간이 있는 상자—예를 들면 한 변이 2미터 정도 되는 정육면체—를 준비한다. 이 상자는 공기의 밀도가 높으며 벽에 뚫린 작은 구멍에 진공 펌프가 접속되어 있다. 이 상자 속의 공기를 이제 빼보려는 것이다. 상자 속에 들어가 토리첼리의 진공을 만들어 본다. 1기압일 때 수은주는 76㎝를 가리킨다. 수은주 76㎝(1기압)라는 것은 1㎠당 76×13.6그램(약 1㎏)의 무게에 해당한다. 이런 무게의 수은을 끌어 올리는 힘은 어디에 있는 것일까? 수은을 담은 이 수은 조(槽)에는 공기의 중량만큼 압력을 받는다. 즉, 지구 표면으로부터 위로 존재하는 공기의 중량은 1㎠당 1㎏인 것이다. 그런데 상자 속의 공기를 빼고 2분의 1기압으로 만들어 보자. 이것은 상자 속의 분자를 반으로 줄이는—22.4리터 속의 분자 수를 3×10^{23}으로 하는—것에 해당한다. 그러면 수은조에 작용하는 압력이 반(0.5㎏)이 되고, 따라서 수은주의 높이도 반(38㎝)이 된다. 이렇게 진공도(상자 속의 분자 수) 수은주의 높이에 비례함을 알 수 있다. 진공도의 단위로서 수은주의 높이를 밀리미터로 표시하고 mmHg라고 쓴다. 결국 1기압은 760mmHg에 해당한다.

3. 진공 펌프

이미 앞에서 얘기했듯이 진공 펌프를 이용하여 완전한 진공—분자나 원자가 전혀 없는 상태—을 만들 수는 없다. 그렇다면 오늘날의 기술로 대체 얼마만큼 높은 진공도를 얻을 수 있을까? 어디서나 구할 수 있는 일반적인 펌프는 유회전(油回轉) 펌프이다. 펑펑 경쾌한 음을 내며 회전하는 그 펌프이다. 회전 펌프에도 여러 종류가 있지만, 그중에서 대표적인 것에 대해 작동 원리를 설명해 보자.

〈그림 3-1〉을 보기 바란다. (1)에서 (6)까지 배기되는 모습이 나타나 있다. 펌프는 3개의 부분으로 되어 있다. ① 흡기구(吸氣口)와 배기구(排氣口)가 있는 둥근 용기, ② 중심에서 어긋난 회전축을 가진 회전자(로터, Rotor), ③ 로터가 회전함에 따라 상하 운동을 하는 가동판(스테이터, Stator) 등이다.

로터는 용기의 안쪽과 접촉하며 회전한다. 로터가 (1)에서 (2)로 움직이면 좌측에 있는 초승달 모양의 부분에 가스(검게 칠한 원)가 들어온다. 반대로 우측의 초승달 부분에 있던 가스(흰 원)는 배기구로 내보내진다. 배기구에는 볼이 들어가 있어 판의 역할을 한다. 스테이터는 항상 로터에 접해 있어서 좌측과 우측에 있는 가스가 서로 섞여 들어오는 것을 방지한다. 로터가 (3)의 위치에 오면 처음 용기 안에 있던 가스(흰 원)는 거의 배기되며 들어온 가스(검은 원)는 최대에 이른다. 흡기구에는 배기시키고 싶은 용기와 파이프로 결합되어 있다. 로터가 (1)→(2)→(3)으로 진전됨에 따라 용기 안에 있는 가스가 배기된다. 이렇게 해서 (1)→(3), (4)→(6)에 이르는 한 사이클을 통해 용기의 가

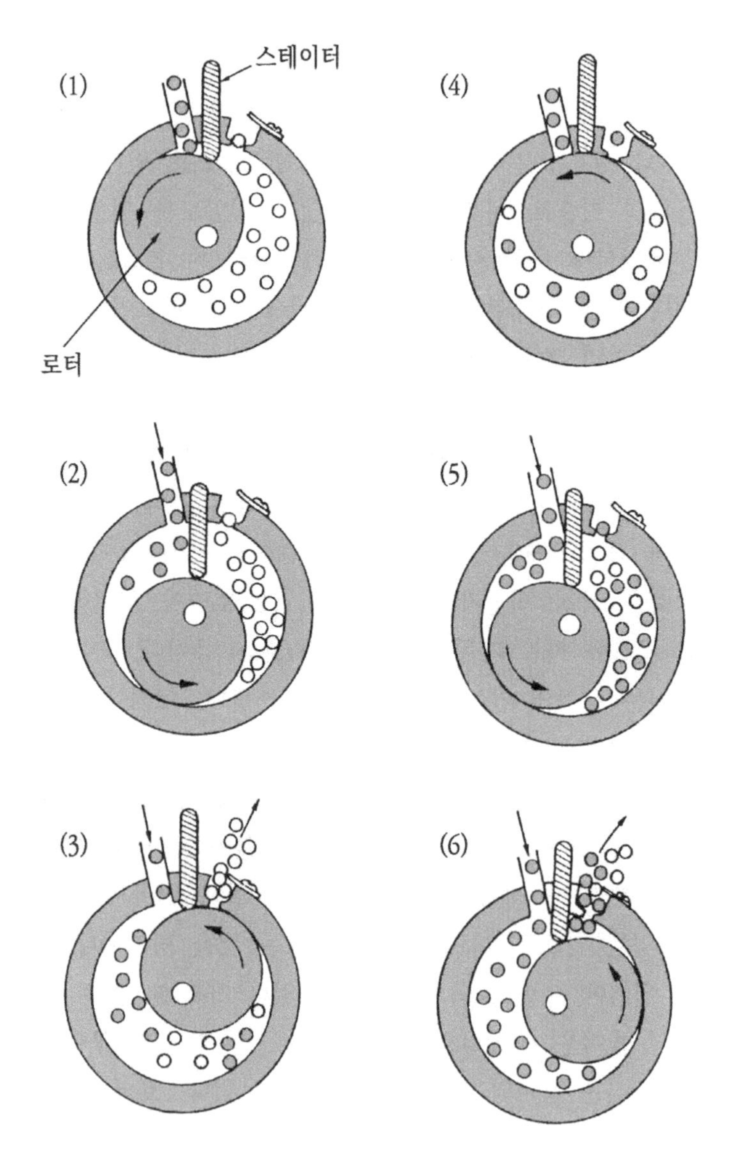

〈그림 3-1〉 유회전 펌프가 가스를 배기하는 모습

스가 펌프로 들어가고 결국 용기는 배기된다.

이러한 회전 펌프로 얻어지는 진공도는 거의 100분의 1mmHg이다. 이것은 10만분의 1기압에 해당한다. 용기 속에 처음 들어 있던 가스가 배기되어 10만분의 1로 된다고 하면 꽤 진공에 가까이 접근한 것처럼 생각될 수가 있는데, 과연 그럴까? 배기하기 전 1㎤의 체적에는 1기압 하에서 약 3×10^{19}개(1조 개의 3000만 배)의 분자가 들어있었다. 그것이 배기된 후에는 1조 개의 300배(3×10^{14})가 되는데, 결국 아직도 거기에는 3×10^{14}개나 되는 분자가 엎치락뒤치락하고 있는 것이다. 분자가 하나도 없다고 하는 진짜 진공하고는 너무 거리가 먼 상태에 있음을 알았을 것이다. 더욱 높은 진공도를 얻으려고 한다면 전혀 다른 원리를 이용하여야 한다.

회전 펌프로는 로터와 용기의 벽, 혹은 로터와 스테이터와의 접촉면에서 기체가 새어 들어올 수 있다. 그림에서 보이는 검은 원과 흰 원으로 표시된 좌우의 가스가 서로 섞이면 그만큼 진공도가 나빠진다. 접촉면에는 기름을 떨어뜨려 가스가 서로 새는 것을 방지하도록 궁리를 하였으나 거기에도 한계가 있다. 또한, 기름 그 자체가 증기가 되어 발산되는 경우도 있다. 그러므로 더 높은 진공도를 달성하려면 기계적인 방법에 대신할 새로운 방법이 필요해지는 것이다.

4. 분자를 운반하다

수은이나 기름의 증기를 노즐로 분사시켜 증기류를 만들자.

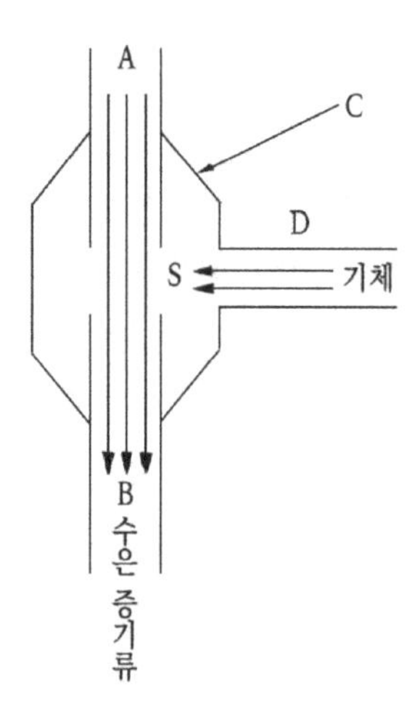

〈그림 3-2〉 확산 펌프의 원리

그러면 증기류의 주위에 있는 기체가 증기의 흐름에 편승하여 운반된다. 이때 증기류의 속도가 클수록 그 효과도 크다.

〈그림 3-2〉는 이러한 펌프의 원리를 나타내고 있다. 수은 증기류는 파이프 속을 위(A)에서 밑(B)으로 흐른다. 파이프에는 슬릿(S)이 뚫려있고, 용기(C)가 슬릿을 감싸고 있다. 용기의 흡기구(D)를 배기코자 하는 장치에 결합시킨다. 기체 분자가 슬릿(S)으로부터 증기류 속으로 날아들어 증기류와 함께 아래쪽으로 운반된다.

기체 분자가 슬릿에 들어오는 것은 분자의 열운동 때문이다. 열운동으로 인해 분자가 확산하기 때문에 이런 타입의 펌프를 '확산(擴散) 펌프'라 부르고 있다.

일반적으로 확산 펌프는 보조 펌프와 같이 쓰인다. 대기압에서 한꺼번에 고진공을 만들기는 어렵다. 우선 회전 펌프로 어느 정도의 진공도를 만들어 놓은 후 확산 펌프로 더 높게 진공도를 만드는 것이다 이렇게 2단 구성 방법에서부터 3단 구성 혹은 더 많은 펌프를 사용하는 경우도 있다.

확산 펌프의 도달 진공도는 유회전(油回轉) 펌프보다 1,000배 정도 높으며, 10만분의 1mmHg(10^{-5}mmHg)까지 가능하다. 이것은 대기압의 거의 1억분의 1에 해당한다. 그런데 이 확산 펌프를 이용해서 1㎤의 체적을 배기시켜 보자. 1기압일 때 그 안에 있던 분자(3×10^{19}개)가 1억분의 1이 되었다고 하면 그래도 아직 3000억 개(3×10^{11}개)의 분자가 남아있는 것이 된다.

증기류 대신에 이온의 흐름을 이용하면 또 10만 배 정도 진공도를 올릴 수가 있다. 이온이라는 것은 플러스 전기를 띤 분자이다. 전기력으로 이온을 이동시킨 다음 거기에다 기체 분자를 올려 운반하는 것이다. 이온 펌프로 도달할 수 있는 진공도 100억분의 1mmHg(10^{-10}mmHg)가 지금의 기술로 얻을 수 있는 최고의 진공도이다. 단, 여기서 주의해야 할 것은 성능이 좋은 펌프를 사용한다고 해서 진공도가 달성되는 것은 아니다.

진공으로 만들고 싶은 용기의 벽이 더러워져 있다면 거기서 가스가 발생한다. 금속이 고진공 상태로 있게 되면 많건 적건 간에 가스가 나온다. 그러므로 고진공에 이르려면 용기를 달구어 우선 오물을 제거하거나 용기 안쪽에 가스 방출이 적은 특수한 금속을 이용하는 연구가 필요하다. 또한 용기의 체적이 적고 펌프의 배기 능력이 크면 그만큼 진공도도 향상된다. 이제까지 얘기한 펌프의 도달 진공도도 이러한 연구를 통해 바꿀 수 있음을 강조하고 싶다.

그런데 이온 펌프를 1000억분의 1mmHg를 만들어 냈다고 하자. 이것을 1기압(760mmHg)의 10조분의 1이라고 대략 계산하면, 분자 수는 300만 개(3×10^6개)가 된다. 1기압일 때의 분자 수(3×10^{19}개)에 비교해 10조분의 1로 줄일 수 있었지만, 거기에는 아직 300만 개의 분자가 있다. 현재의 높은 기술을 구사해도 도달할 수 있는 진공도는 이 정도이다. 이것을 진공에 가까운 상태라고 볼 것인지 진공과는 거의 먼 상태로 간주할 것인지는 입장에 따라 다르다. 대기압과 비교해 보면 그 분자 수가 10조분의 1(22.4리터 중 6×10^{10}개)로 줄었으므로 그것은 극히 희박한 가스라고 생각할 수도 있다. 그러나 이것은 대기압이라는 우리가 생활하고 있는 곳(場)을 기준으로 한 발상이다.

하지만 분자가 하나도 없는 완전한 진공 쪽에서 본다면 22.4리터 중 600억 개(6×10^{10}개)라고 하는 수는 막대한 양이다. '진공이 되기에는 아직 거리가 있다'는 것이 된다. 아리스토텔레스가 "진공 같은 것은 있을 리가 없다."라고 주장하고 나서 2400년, 토리첼리가 진공을 발견하고 나서 벌써 200년이 된다. 앞으로 기술의 진보와 아울러 인류는 더욱 진공에 접근해 갈 것이다. 이러한 노력에 따라 비록 조금씩이나마 진공도가 개선된다면 우리는 그 극한, 즉 이상상태(理想狀態)로서의 진공이 존재를 믿게 될 것이다.

5. 자연계의 진공

이제까지는 진공 펌프를 통해 인공적으로 도달할 수 있는 진공도를 알아보았다. 이번에는 자연계나 우주로 눈을 돌려, 가스가 희박한 상태가 어디서 어떻게 실현되고 있는가를 보도록 하자.

공기는 고도(高度)에 따라 희박해진다. 공기의 밀도 감소는 분자 수의 감소에 해당한다. 예를 들면 한라산 정상(1,950미터)에서는 공기의 밀도가 지상의 약 80퍼센트, 세계의 최고봉인 에베레스트(8,848미터)에서는 38퍼센트 정도밖에 안 된다. 더 고도를 높여 20㎞ 상공이 되면 7퍼센트, 50㎞에서는 0.1퍼센트, 또 100㎞ 상공에서는 지상의 1000만 분의 1이 된다. 이것은 유회전 펌프를 통해 얻었던 진공도보다 100배 정도 웃돌고 있다. 인공적으로 만들 수 있는 최고의 진공도는 상공 45㎞의 공기의 밀도에 해당한다. 그보다 높은 상공에서는 펌프의 도달 진공도를 초과하게 된다. 예를 들면 상공 1,000㎞에서는 지상의 1000조분의 1이라는 아주 희박한 상태로 되어 있는 것이다.

그러면 지구를 떠나 태양에 접근해 보자. 태양대기의 진공도는 어느 정도일까? 태양은 전체가 수소가스로 되어 있다. 하지만 중심은 2,500기압이라는 아주 높은 고기압 상태이다. 가스의 무게는 금의 8배나 되며 진공과는 아주 거리가 먼 고밀도 상태이다. 그래도 중심의 온도(1600만 도)가 매우 높기 때문에 기체(가스)로 되어 있는 것이다. 태양을 육안으로 보았을 때 둥글게 빛나고 있는 부분을 광구(光球)라 한다. 광구 표면의 가스 밀도(즉, 가스의 압력 혹은 가스 중의 분자 수)는 지구 대기의 10분의 1 정도이다. 태양 표면에서부터 행성 공간에 넓게 퍼져있는 가스가 '코로나'이다. 코로나는 100만 도라고 하는 고온이며 수소 분자는 더욱 작은 요소(양성자와 전자)로 분해되어 있다. 코로나 간의 입자 수는 1㎤당 1억 개(10^8개)이다. 이미 지상에서 도달할 수 있는 최고 진공도(1㎤당 300만 개)의 30배 정도가 된다.

6. 우주 안에 진공은 있는가

그러면 여기서 태양계 밖으로 나와서, 진공이 존재하는지 그렇지 않은가를 알아보기로 하자. 옛날에는 항성과 항성 간에는 물질이 없는 진공상태라고 생각해 왔다. 그러나 지금에 와서는 이 공간에도 극히 얼마 안 되는 물질(가스)이 존재하는 것으로 알려져 있다. 이러한 가스에도 장소에 따라 그 농도의 차이가 있다. 그 짙은 부분이 성운(星雲)이다. 성운 중에도 가스의 밀도가 매우 작은 것이 있는데, 예를 들어 오리온 대성운(Great Nebula in Orion)의 원자 밀도는 1㎤당 10^{-1}만 개 정도이다. 이때 작은 쪽의 값을 취하면 주사위 정도 공간에 원자가 10개 정도 박혀 있는 것에 불과한 것이 된다. 원자의 크기는 1억분의 1㎝(10^{-8}㎝, 1옹스트롬이라 함) 정도이므로 주사위의 크기에 비하면 무시할 수 있을 정도이다. 결국 '주사위의 안은 거의 빈틈투성이'라 할 만하다. 이 빈틈은 우리가 이제까지 추구해온 완전한 진공이라 해도 좋을 것이다.

성운에서 더 멀리 떨어질수록 입자 밀도는 더욱더 감소한다. 거기에서 1㎤당 원자 1개가 곧 평균적인 원자 밀도이다. 그리고 은하 밖으로 나가면 1㎤당 원자가 100만 분의 1 이하라고 하는 무서울 정도의 희박한 공간이 실현된다. 바꾸어 말하면 1㎤ 안에 원자 1개가 존재하는 것에 불과하다. 이렇게 되면 그 공간의 모든 장소는 아무것도 없는 완전한 진공이다.

지상에서 현재의 진공 기술을 이용하는 이상 1㎤당 원자가 300만 개가 한계였다. 그러나 이 대우주 안에는 완전에 가까운 진공이라고 간주할 수 있는 대공간이 펼쳐져 있는 것이다.

7. 물질 속의 공간

진공이란 물질이 없는 공간이다. 이것이 이제까지 배워온 진공의 개념이었다. 또한 물질은 분자라는 미세한 요소의 집합체라는 것도 알았다. 거기서 조금 더 나아가 "분자란 무엇인가?" 하고 질문을 던져 보자. 이렇게 의문을 깊이 파고 들어가면서 물질의 궁극적인 모습을 파헤쳐 보기로 한다.

예를 들어 물을 생각해 보자. 여기에 얼마든지 배율을 높일 수 있는 이상적인 현미경이 있다고 하자. 이것을 이용하여 물방울을 확대하여 분자 속을 관찰하려는 것이다. 배율을 10배, 100배 그리고 1,000배 등으로 점점 높여 가자. 1억 배 정도로 했을 때 무수한 알갱이가 보이기 시작한다. 더욱 자세히 살펴보면 한가운데에 있는 알맹이가 산소 원자, 양측에 있는 알맹이가 수소 원자임을 알 수 있다. 물의 분자란 이렇게 두 종류의 원자(산소와 수소)의 결합상태인 것이다. 공기의 성분이 산소 가스는 산소 원자가 2개 결합한 것이다. 물이나 산소 가스처럼 여러 개의 원자로 된 분자도 있지만, 단백질처럼 다수의 원자가 모여 이루어진 고분자도 있다.

오늘날까지 90종 가량의 원자가 발견되었다. 제일 작은 원자는 수소 원자이다. 은이라든지 우라늄처럼 무거운 금속은 커다란 원자로 되어 있다. 이 원자가 몇 개 모여서 복잡한 분자(물질)을 만드는 것이다. 우리 주변에 보이는 각양각색의 물질도 90종류의 정도의 원자로 결국은 환원된다.

원자의 크기는 어느 정도일까? 이미 앞에서 언급했지만 지금 사용하고 있는 이상적인 현미경의 배율로 계산해 보면 거의 1

억분의 1㎝가 된다. 그러면 그렇게 작은 원자 속에는 무엇이 있는 것일까? 현미경의 배율을 10만 배 정도 더 올려보면 원자의 중심에 작은 알맹이 하나가 보이게 된다. 이것이 곧 원자핵(核, Nucleus)이다. 배율로 환산하면 원자핵의 크기는 원자의 10만분의 1(즉 10^{-13}㎝, 1페르미라고 함) 정도이다. 이러한 원자핵 속에는 같은 정도 크기의 종류가 다른 두 입자가 또 있다. 이것들이 양성자(Proton)와 중성자(Neutron)이다.

현미경으로 볼 때 원자의 바깥 부분, 다시 말해 핵 주위는 하얀 아지랑이처럼 보인다. 뭔가 작은 알맹이가 고속으로 회전하고 있는 듯하다. 알맹이 그 자체를 확인할 수는 없다. 다른 실험을 통해 이것이 마이너스 전기를 띤 입자인 전자(Electron)라는 것이 알려졌다.

원자는 결국 3종류의 입자—양성자, 중성자, 전자—로 구성되어 있다는 것을 알았다. 양성자는 플러스(+) 전기를 띠며, 이것은 곧 전자가 갖고 있는 마이너스(-) 전기를 상쇄시킨다. 중성자는 전기적으로 중성이므로 원자는 결국 전기를 띠지 않는다. '양성자, 중성자 그리고 전자가 물질의 궁극적인 요소이다'라고 생각했던 시대가 있었다. 이들 세 개의 입자를 '소립자'라 부르는 것은 그 시대의 산물이라 하겠다.

원자와 원자핵의 상대적인 크기를 이해하기 위해 다음과 같은 예를 생각해 보자. 먼저 원자핵을 반경 1미터 되는 공이라 하고 이것을 서울역 앞 광장에다 놓는다. 그러면 전자의 궤도 반경은 100㎞가 된다. 즉 전자는 천안의 남단 부근을 돌고 있는 것이다. "그렇다면 그 중간 부분인 수원 부근에는 무엇이 있을까?"라는 의문이 생긴다. 여기서는 "아무것도 없는 진공 지대이다."라고 대답해 두자.

앞 예에서도 알았듯이 원자는 거의 모두가 빈틈이다. 그것은 물질이 빈틈투성이임을 의미한다. 이 빈틈이란 무엇일까? 공허한 공간인가? 아니면 이 빈틈에는 특별한 작용이 있는 걸까? 이 의문에 대답한다는 것은 진공에 대해 깊이 이해하기 위해서도 중요하다. 빈틈에 대해 상세하게 논의하기 전에 물질의 내부에 조금 더 들어가 보자.

8. 데모크리토스의 원자

여기서 한 번 더 진공 논쟁의 대가인 아리스토텔레스를 등장시켜보자. 이미 얘기했듯이 아리스토텔레스의 자연관에서는 진공관이 존재치 않는다. 그의 '진공 혐오'는 그리스 시대부터 17세기까지 2000년간에 걸쳐 소위 지식계급에 있어 상식이었다. 그러면 진공의 존재 따위를 믿는 단 한 사람도 없었던 것일까? 2000년간 학문의 세계는 아리스토텔레스의 독무대였을까?

그리스에는 아리스토텔레스와는 정반대의 자연관을 가진 또 한 명의 천재가 있었음을 잊어서는 안 된다. 그가 바로 데모크리토스이다. 데모크리토스가 손댄 학문 분야는 아리스토텔레스만큼 광범위하지는 않았다. 그러나 그가 제창한 물질관, 자연관에는 주목해야 할 내용이 포함되어 있었다. 특히, '진공과 원자'에 대한 그의 예상은 정확하게 표적을 통과하고 있으며 오늘날에도 적용되고 있다.

데모크리토스의 생각은 이렇다.

'이 세상은 아톰(원자)이라 하는 미세한 입자와 그것이 떠돌아다니는 진공으로 되어 있으며, 그 외에는 아무것도 존재하지 않는다. 물질은 수많은 원자가 결합한 것이다. 원자는 그 이상 분할되지 않으며 새롭게 태어나거나 없어지지도 않는다. 따라서 모든 현상은 원자가 결합하거나 분리되는 것에 불과하다.'

이러한 생각은 근대 물리학에서도 거의 그대로 받아들여지고 있다. '진공과 거기를 떠돌아다니는 원자'라는 식의 물질관은 아리스토텔레스의 생각과는 정면으로 대립된다. 아리스토텔레스는 데모크리토스에게 반격의 화살을 쏘았다. "원자가 아무리 작다 해도 크기를 갖는 이상 훨씬 작은 부분으로 나뉠 것임에 틀림없다. 분할 불가능한 입자(원자)란 있을 수 없다."라고. 계속해서 "진공이란 아무것도 없는 상태이다. 아무것도 없는 상태가 있다는 것은 논리적으로 모순된다."라고 하며, 그는 '원자와 진공'을 부정했다. 논리학의 챔피언 아리스토텔레스가 계속 쳐댄 강력한 펀치에 데모크리토스는 어이없이 매트에 나가떨어지고 말았다. 그 후로 2000여 년 동안 결국 원자론은 우리 앞에 모습을 드러내지 않았다.

9. 원자론의 부활

이미 앞에서 얘기했듯이, 17세기에 들어와서야 처음 '진공'이 발견되고 원자론이 컴백할 실마리가 보였다. 토리첼리, 파스칼, 게리케로 이어지는 진공 연구의 흐름은 영국의 보일(Boyle)로 이어졌다. 이탈리아, 프랑스, 독일과 유럽 대륙에 휘몰아 친 진공의 폭풍우는 드디어 도버해협을 건너 영국에 상륙했던 것이다.

자전거의 공기 흡입구를 막은 다음 위에서 힘을 가하면 공기가 압축된다. 힘을 배로 하면 공기의 체적은 반으로 줄어든다. 즉, '가하는 압력과 기체의 체적은 반비례한다'. 이것을 보일의 법칙이라 한다. 우리 중에는 이 법칙을 지극히 당연한 것으로 받아들이는 사람이 많다. 하지만 보일은 '기체의 이러한 성질 속에 원자설을 뒷받침할 수 있는 중요한 열쇠가 숨겨져 있다'라고 직감한 것이다.

공기를 압축시키면 왜 줄어드는 것일까? 원자론으로 풀어본 해답은 명쾌하다. 공허한 공간(진공) 중에 이리저리 흩어져서 원자가 떠다닌다. 따라서 원자를 압축시키면 원자 간격이 좁아졌다고 생각하면 된다. 원자와 진공을 인정하지 않은 아리스토텔레스의 자연관에서는 물질이 끝없이 연결되어 있다. 이것을 '연속체설'이라 한다. 이 설에서는 눌려서 쏙 들어간 부분은 어딘가 다른 장소로 나와야만 한다. 공기의 압축이 '원자설'로는 쉽게 이해되지만 '연속체설'로는 도저히 설명할 도리가 없다.

보일은 이렇게 해서 원자설을 부활시킬 실마리를 만들었다. 보일에 이어 고전역학을 완성한 뉴턴도 원자설의 지지자였다. 드디어 진공과 원자는 2000년간의 잠에서 깨어나 학계에 모습을 드러낸 것이다.

데모크리토스는 리턴매치에 성공하여 아리스토텔레스를 왕자 자리에서 끌어내린 것이다. 데모크리토스의 원자란 '분할 불가능한 물질의 궁극적인 요소'였다. 보일이나 뉴턴이 생각한 원자도 역시 궁극적인 요소였지만, 그 후의 연구에서 원자에는 구조가 더 있음이 밝혀졌다. 즉 중심에 있는 원자핵과 그 주위를 회전하는 전자이다. 지금 우리가 말하는 이러한 원자란, 확실히 데모크리토스의 원자—분할 불가능한 궁극적인 요소—는 아니다. 그러면 전자나 원자핵을 물질의 궁극적인 소재라고 생각해도 될 것인가? 그렇지 않으면 그 내부에 훨씬 더 미세한 요소가 있는 것일까?

현대의 물리학은 10조분의 1㎝ 정도의 크기를 가진 원자핵에도 구조가 있음을 밝혀냈다. 원자핵은 양성자와 중성자의 결합상태이다. 원자핵에는 원자와 같은 '빈틈'은 없다. 양성자와 중성자가 빽빽이 들어차 있다.

분자-원자-원자핵-소립자라는 식으로 인류는 물질의 내부구조를 하나씩 규명해 왔다. 물질은 수박 속 내용물처럼 일률적인 연속체는 아니었다. 오히려 양파 같은 계층구조를 가지고 있는 것이다. 한 꺼풀 벗겨보면 거기에 새로운 세계(계층)가 나타난다. 그 세계는 더욱 깊은 세계를 내포하고 있다. 이렇게 해서 도달한 곳이 소립자의 세계이다.

그러면 소립자야말로 인류가 탐구해 온 데모크리토스의 원자(분할 불가능한 물질의 최소 요소)일까? 계속해서 물질의 내부구조를 규명해 온 원자 연구의 역사를 돌이켜 보면 소립자 안에도 무엇인가가 있으리라고 생각해 보고 싶어진다.

4장

소립자의 세계

1. 소립자의 충돌

양성자와 중성자의 크기는 10조분의 1㎝이다. 이에 반해, 전자는 크기가 없는 점상입자(点狀粒子)이다. 이제까지의 논의에서 소립자의 구조를 문제 삼는 경우, 그 '소립자'란 양성자나 중성자를 의미한다.

크기가 있는 소립자인 양성자나 중성자는 결국에는 소(素)일까? 그 내부에 훨씬 더 미세한 요소가 존재하지는 않을까? 지금까지 우리는 분자-원자-원자핵-소립자(양성자, 중성자 등)와 같이 한걸음씩 물질의 보다 미세한 세계를 규명해 왔다. 이러한 물질연구에 대한 경험에 의하면, '소립자의 앞에도 더 작은 세계가 있다'고 생각하는 것은 자연적인 발상이라 할 수 있겠다.

그러면 소립자의 내부를 조사하려면 어떻게 하는 것이 좋을까? 소립자와 같이 특별한 것이 아니라 돌덩어리 같은 거라면 망치로 쪼개어 보면 된다. 돌의 크기나 단단한 정도에 따라 우리는 망치의 종류를 고를 것이다. 작은 돌이라면 끝이 뾰족한 망치를, 단단한 돌이라면 단단한 금속망치 식으로.

소립자의 내부를 조사하는 방법도 원리적으로는 돌의 경우와 같다. 소립자에 충격을 가하여 소립자를 파괴하여 그 안에서 미세한 요소를 걸러내는 것이다. 단, 소립자는 아주 작고 단단하다. 그러므로 준비해야 할 망치도 작고 단단한 것이어야 한다. 이러한 소립자의 특성을 생각한다면 소립자를 파괴할 망치는 소립자 그 자체이어야 한다는 결론에 이른다. 즉, 소립자를 고속으로 돌려 다른 한 소립자에 부딪치게 하는 것이다. 소립자는 단단하므로 충돌의 충격이 강하지 않으면 파괴되지 않는다. 즉, 소립자의 속도를 높일 필요가 있다.

정지되어 있는 소립자에다 속도가 빠른 소립자를 부딪치게 하기 보다는 두 개의 소립자를 반대 방향으로 돌려 정면충돌시키는 편이 훨씬 더 파괴력이 높다. 다소 난폭한 예이긴 하지만 자동차의 충돌을 상상하면 되겠다. 예를 들면, 시속 50㎞로 달리는 자동차가 정지해 있는 자동차에 부딪치는 경우와 시속 50킬로미터로 달리는 두 대의 자동차가 정면충돌했을 때의 파괴력을 비교해 보는 것이다. 어느 쪽이건 소립자의 내부구조를 조사하기 위해서는 우선 고속도의 소립자를 만들어 낼 필요가 있다.

2. 자기력

소립자에는 전기를 띠고 있는 것(양성자, 전자)과 그렇지 않은 중성의 것(중성자)이 있다. 소립자의 전하(電荷)에는 플러스와 마이너스가 있다.

보통, 소립자의 전하는 양성자 또는 전자의 전하의 크기를 단위로 해서 측정한다. 양성자의 전하(+, 플러스)와 전자의 전하(-, 마이너스)의 절대치(크기)는 동등하다. 예를 들면, 양성자의 전하는 플러스 1, 전자의 전하는 마이너스 1, 중성자의 전하는 0이다.

그러면 여기서 U자형 자석을 준비하자. 이 자석의 한쪽 끝이 N극이면 다른 한쪽은 S극이 된다. N극과 S극을 자극(磁極)이라 부른다. 종이 위에 철가루를 뿌리고 종이 밑에 이 자석을 대면

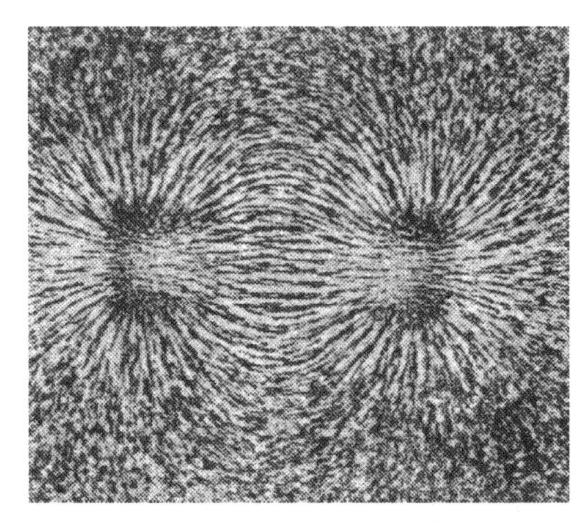

〈사진 4-1〉 밑의 자석에서 나오는 자기력선을 따라 멋지게 늘어선 철분

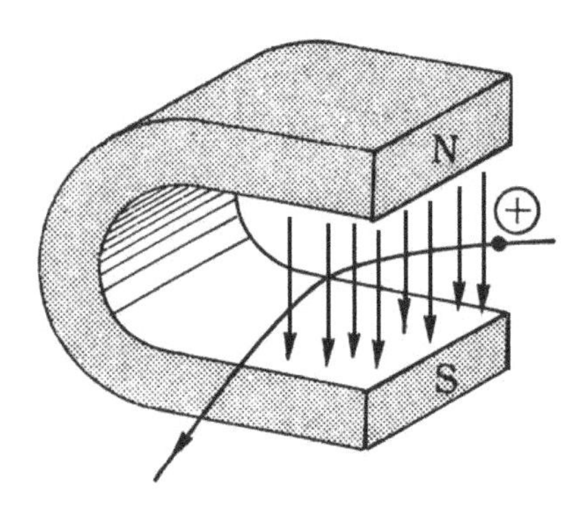

〈그림 4-2〉 하전 입자는 자계에 직각 방향으로 구부러진다

철가루는 〈사진 4-1〉과 같이 멋지게 정렬한다. 극과 극을 이은 것처럼 철가루의 열이 생긴다. 그 열은 자극의 가까이에서는 직선에 가까우나 자극에서 멀어지면 둥그렇게 부푼다. 이 열을 따라 N극에서 S극을 향해서 자기력선—그 의미는 뒤에서 확실해진다—이 통과하고 있다고 생각된다. 철가루를 움직이게 하는

자기력선이 N극과 S극간에 작용하고 있는 것이다. 이번에는 자석을 옆으로 세워 N극이 위로 S극이 아래쪽으로 오도록 하자. 그러면 위에서 아래로 자기력선이 통과한다. 이 자석 안으로 전하를 가진 소립자(즉 전자나 양성자)를 지나가게 한다. 즉 이 자기력선과 직각 방향으로 소립자를 움직이게 하는 것이다.

그러면 소립자는 자기력선 주위에서 오른쪽 또는 왼쪽으로 구부러짐을 알 수 있다. 다시 말해, 자기력선과 전하의 운동 방향—그것들은 서로 직교하고 있다—의 양쪽에 직각으로 자기력이 작용하는 것이다. 단, 자기력은 중성입자(중성자 같은 것)에는 작용하지 않는다. 따라서 중성입자는 자석 속을 그대로 직진한다. 이제 평면상의 원을 따라 옆으로 세운 U자형 자석을 다수 늘어놓다. 여기에 어떤 속도를 갖는 양성자를 들여보낸다. 그러면 양성자는 그 속도를 유지하면서 자극 사이를 원을 따라 회전한다. 물론 양성자의 회전궤도는 진공 정도가 높은 상태이어야만 한다. 그렇지 않으면 양성자가 공기 중에 있는 원자들과 충돌하여 회전 궤도로부터 이탈해 버린다. 양성자를 회전시키려면 아직도 많은 기술적인 문제가 남아있는데 여기서는 더 자세히 들어가지는 않겠다.

3. 양성자를 가속한다

자극 간을 운동하는 양성자는 일정 속도로 회전을 계속한다. 즉, 자기력만으로는 소립자의 속도를 크게 할 수는 없는 것이다. 그래서 이번에는 양성자를 가속시킬 방법을 생각해 보기로 하자.

전기에는 같은 종류의 전하, 즉 플러스와 플러스 그리고 마이너스와 마이너스는 서로 밀치며 다른 종류의 전하 즉 플러스와 마이너스는 서로 끌어당기는 성질이 있다. 다시 말해 전하 간에는 힘이 작용하는 것이다. 이러한 전기력에 의해 운동하는 전하에 힘을 미치게 하여 소립자의 속도를 높이게 해 보려는 것이다.

먼저 자석과 자석 간에 양성자의 회전궤도와 직각으로 2매의 전극을 놓는다. 전극의 중심에는 구멍을 뚫고 양성자의 회전을 막지 않도록 한다. 지금 양성자가 첫 번째 전극을 통과할 때 그 전극에 플러스 전기를 보낸다. 두 번째 전극은 양성자 궤도의 전방에 설치되어 있다. 이때 이 전극에는 마이너스 전기를 보낸다. 양성자의 전하는 플러스이므로 양성자가 통과하는 첫 번째 전극(플러스)에서는 양성자가 반발되어 전방으로 내보내지고 이어서 두 번째 전극(마이너스)이 끌어당기게 된다. 이렇게 해서 양성자는 전방으로 힘을 받아 가속화된다. 그러면 양성자는 보다 높은 속도를 유지하면서 한 바퀴 돌고 원래의 전극의 위치로 되돌아온다. 여기서 앞과 마찬가지로 또 한 번 가속시킨다. 이렇게 해서 양성자는 전극 간을 통과할 때마다 가속이 거듭되어 점점 속도를 높이는 것이다.

이상에서 얘기한 것처럼 양성자는 자기력으로 회전하며 전기의 힘으로 가속을 받는다. 이 원리에 기초하여 고속도의 소립자를 만들어 내는 장치가 '가속기(Accelerator)'이다. 가속기에 의해 만들어진 고속의 소립자를 가속기에서 꺼내어 양성자 표적에 충돌시키면 소립자의 충돌 반응이 실현된다.

〈사진 4-3〉 스위스 제네바에 있는 CERN연구소의 가속기 내부 전경. 지하에 원형으로 설치되어 있다(제공: CERN)

4. 양성자 싱크로트론(Syncrotron)

고속도의 소립자가 정지된 소립자에 부딪치는 경우를 생각해 보자. 전자를 입사 입자(立射粒子), 후자를 표적(타깃) 입자라 부른다.

입사 입자의 속도가 커질수록 충격도 강해지며, 소립자의 더 깊은 심부(深部)의 정보를 얻을 수가 있다. 파괴력이 커지면 소립자 내부에 숨은 미세한 요소가 튀어나올지도 모른다. 물질의 궁극적인 것을 규명하고 싶다는 현대 물리학의 목표에 따라 소립자의 속도는 해를 더할수록 커지고 있다. 속도가 커지면 에너지도 증가한다. 그 때문에 최근에는 소립자를 연구하는 학문을 '고에너지 물리학'이라 부르게 되었다.

고에너지 양성자를 가속기키는 장치가 '양성자(프로톤, Proton) 싱크로트론'이다. 가속기로 양성자의 에너지를 높이고자 하면 입자의 회전반경이 커지게 된다. 자전거나 자동차로도 스피드를 내면 돌기 힘들어 지는 것과 똑같다. 원심력이 작용하여 회전하는데 지장을 주기 때문이다.

세계 최대급의 가속기가 세른(CERN, 유럽 원자핵 연구기구)에 있다(〈사진 4-3〉 참고). 세른은 제네바의 교외에 있는 쥬라산맥의 기슭에 있는데, 유럽 13개국이 운영하고 있다. 필자도 일본 사람과 그룹(동경도립대학, 동경농공대학, 히로시마대학, 중앙대학)으로 세른의 가속기를 이용하여 국제협동연구를 하고 있다.

양성자 싱크로트론은 방사선의 영향을 피하고자 지하 50미터인 터널 내에 설치되어 있다. 터널 주위 7㎞에 걸쳐 900개에 달하는 대형전자석이 열 지어 있으며 그 중량은 2만 톤이 넘는다.

양성자 싱크로트론 속을 20만 번 정도 회전하면 양성자는 최고 에너지(최고 속도)에 달한다. 그동안 양성자는 지구를 두 번 왕복한 것이 된다. 이렇게 해서 얻은 양성자의 최고속도는 빛의 속도(매초 30만 킬로미터=지구를 7번 반 도는 것에 해당)의 99.9998퍼센트에 달한다.

광속도(光速度)는 음속(音速, 공기 중에서 매초 332미터)의 90만 배 즉, 마하 90만에 해당한다. 점보여객기의 속도가 마하 1, 전투기로도 기껏해야 그 몇 배의 속도이므로 빛이 얼마나 빠른지 알 수 있을 것이다. 그리고 최고 에너지를 가진 소립자는 광속에 가까운 속도를 달린다. 오늘날 인간이 만들어 낼 수 있는 최고의 속도는 이 소립자의 속도이다.

실험실로 들어온 양성자는 표적과 충돌한다. 표적으로는 통

〈사진 4-4〉 소립자 반응의 예(제공: CERN)

상 액체수소를 이용한다. 수소원자는 양성자와 그 주위를 회전하는 전자로 되어 있다. 이 양성자에다 입사입지를 충돌시키는 것이다.

소립자방의 일례를 보기로 하자. 〈사진 4-4〉는 왼쪽에서 고에너지를 가진 파이 중간자가 입사하여 액체수소 중의 양성자에 충돌했을 때의 비적(飛跡) 사진이다. 수소 거품 상자라 하는 특수한 관측 장치를 이용하면 소립자가 지나간 경로를 따라 작은 거품이 발생하는데 그것을 사진으로 찍을 수가 있다.

이 장치에는 자장(사진 면에서 수직으로)이 걸려 있는데 그로 인해 전하를 갖는 소립자는 진로가 꺾인다. 플러스 전하라면 위로 완만하게 꺾이고, 마이너스 전하라면 밑으로 완만하게 꺾인다. 또한, 생성된 소립자의 속도(에너지)가 클 때는 작게 꺾인다. 이것도 자동차나 자전거가 회전할 경우와 똑같다.

이러한 소립자의 비적 사진에서 소립자 반응에 대한 다양한 지식을 얻을 수 있다. 이 한 장의 사진에는 소립자 반응에 관한 모든 정보가 내재되어 있다. 우선, 완만한 곡선의 상태가 어떤지에 따라 소립자의 전하(플러스인지 마이너스인지)를 알 수 있다. 속도(에너지)도 정해진다. 개개의 소립자가 어느 방향으로 방출되었는지를 측정하면 반응의 메커니즘을 알 수 있다. 예를 들면, 입사 입자와 같은 방향(전방)으로 생성 입자가 집중되어 있으면 입사 입자와 표적 입자가 표면을 서로 스치면서 충돌했다고 생각할 수가 있다. 만일, 입자가 옆쪽으로 튀어나가 있다면 이것은 정면충돌이라는 격렬한 반응의 결과라고 추정할 수 있다. 이러한 것은 자동차의 충돌—두 대의 자동차가 옆으로 살짝 스쳐간 경우와 정면충돌한 경우—로도 이해될 수 있다.

5. 자연의 계층구조

물질을 구성하는 안정된 소립자는 전자, 양성자, 중성자임을 얘기했다. 그러나 충돌반응을 조사해 보면 이 외에도 불안정한 소립자가 다수 발생하였음을 알 수 있다. 이들 불안정한 입자의 수명은 매우 짧아서 순간적으로 붕괴되며, 직접 그 비적이 보이지 않는 것도 있다.

단명한 소립자는 물론 물질의 구성요소가 될 수 없다. 가속기를 이용하여 인공적으로 생성시키는 것이 거의 유일한 존재의 방법이다. 거의라고 한 이유는 가끔 우주에서 날아온 고에너지 소립자(이것을 우주선이라 한다)가 공기와 충돌할 때 단명한 입자가 발생하기 때문이다. 그러나 이러한 자연계에서의 소립자 반응은 아주 가끔 일어나는 일이기 때문에 그것을 관측한다는 것은 매우 어렵다. 어찌 되었든, 단명한 입자에 대한 연구는 가속기 실험에 의존할 수밖에 없다.

가속기 실험을 자꾸 하다 보면 단명한 입자를 계속 발견할 수 있다. 오늘날에는 100종류에 달하는 소립자가 발견되고 있다. '이러한 소립자는 물질에 있어 가장 기본적인 요소이다'라고 얼마 전까지만 해도 거의 모든 물리학자가 그렇게 생각했었다. 하지만 계속해서 새로운 소립자가 발견되고 또한 그 종류가 늘어가자 이러한 생각에 의심을 품기 시작했다.

이전에 원자나 원자핵마저도 '그것이 물질의 최소 요소'라고 생각했던 시대가 있었다. 그 후, 100종류나 되는 원자가 나오게 되고 원자의 다양한 성질이 규명되어 가자 사람들은 '원자에도 구조가 있다'고 생각하기 시작했다. 연구를 더 진행하면서 원자에는 원자핵이라는 중심핵이 있으며, 그 주위를 몇 개인가의 전자가 회전하고 있음이 알려졌다. 가장 무거운 원자인 우라늄 원자는 92개의 전자를 갖고 있다. 이렇게 해서 원자가 나타내는 다종다양한 성질들은 궤도전자의 운동 상태의 차이로 설명할 수 있게 되었다. 한 종류의 소립자인 '전자'의 운동 상태가 원자의 성질을 결정하는 것이다.

원자핵에 관해서도 사정은 같다. 원자핵은 두 종류의 소립자 '양성자'와 '중성자'로 구성되어 있다. 100종류나 되는 원자핵이 나타내는 다양한 성질은 양성자와 중성자의 운동 상태를 보고 이해할 수 있었던 것이다.

원자-원자핵-소립자와 같이 물질의 미시적인(Micro) 세계를 밝혀낸 우리는 이제 소립자(양성자, 중성자 등)의 세계에 도달해 있다. 이제까지 많은 소립자가 발견되었으며, 소립자의 세계도 원자, 원자핵과 마찬가지로 복잡한 양상을 보인다. 원자, 원자핵

연구의 길을 돌이켜 보면 소립자의 배후에 더 기본적인 요소가 있으리라고 상상하게 된다. 즉 소립자는 '소(素)가 아니다'는 냄새를 솔솔 풍기는 것이다. 자연의 계층 구조가 소립자의 세계에서 끝나게 된다고 단언할 이유는 어디에도 없기 때문이다.

소립자의 내부에 더 미세한 요소를 상정해보면 어떨까? 그 요소를 결합시켜 소립자의 복잡한 성질을 설명할 수는 없을까? 그러한 것을 실험으로 검증하려면 어떻게 해야 할 것인가?

6. 소립자의 종류

물질을 구성하는 세계의 소립자—양성자, 중성자, 전자—를 비교해 보면, 거기에는 눈에 띄는 특징이 있음이 발견된다. 양성자와 중성자의 무게(전문 용어로 '질량')는 거의 같다. 그러나 전자의 질량은 그것의 2,000분의 1로써 매우 작다. 양성자와 중성자는 유한한 크기(10조분의 1㎝)를 가지나, 전자는 크기가 없는 점상입자라고 생각된다. 나중에 얘기하겠지만, 전자에 작용하는 힘과 양성자와 중성자에 작용하는 힘은 성질이 다르다.

전자에 크기가 없다면 전자는 내부구조를 가질 수 없으며, 그 내부에 더 작은 요소가 존재할 여지 또한 없다. 즉, 전자는 물질의 궁극적인 요소로서의 자격을 갖추고 있는 것이다. 그러므로 내부구조에 있어서 문제가 되는 것은 당면한 양성자와 중성자(및 그와 동종의 불안정 입자)인 것이다.

전자를 '경입자족(렙톤, Lepton)', 양성자와 중성자를 '강입자족(하드론, Hadron)'이라 한다. 경입자족에는 전자를 포함해서 6

종류의 소립자가 알려져 있다. 전자, 뮤(μ) 입자, 타우(τ) 입자와 그에 부속된 세 종류의 뉴트리노이다. 뉴트리노는 태양으로부터도 다량으로 생성되며 그것이 지구까지 도달한다. 전하는 제로, 질량도 거의 제로이며 지구 같은 것도 관통하는 특징이 있다.

이에 반해, 강입자족은 매우 복잡하다. 강입자족 중에도 질량이 큰 입자군을 '중입자(바리온, Barion)', 가벼운 입자군을 '중간자(메손, Meson)'이라 한다. 이전에 아직 이러한 정도의 많은 소립자가 발견되지 않았던 시대에는 소립자의 질량은 중(重)입자, 중간자, 경입자 순으로 되어 있었다. 그러나 그 후의 실험에서 이러한 순서를 깰 정도의 소립자도 발견되었다. 중입자보다 무거운 중간자나 경입자도 존재하는 것이다.

중입자에는 양성자와 중성자도 포함된다. 그 외에 양성자와 중성자보다 무거운 불안정한 중입자도 다수 발견되었다.

중간자는 모두 불안정하다. 그러므로 가속기를 가지고 인공적으로 만들어 내는 수밖에 없다. 파이(π) 중간자는 노벨상을 수상한 물리학자 유가와 히데키(湯川秀樹)가 양성자와 중성자가 결합하여 원자핵을 만드는 데 필요로 하는 입자라고 예언했다. 파이 중간자보다 질량이 큰 중간자로는 로우(ρ), 오메가(ω), 프사이(φ) 등이 있다.

크기와 내부구조를 갖는 소립자는 중입자와 중간자 즉, 강입자이다. 경입자는 모두 점상입자이며, 구조가 없다. 따라서 이제부터는 강입자에 초점을 맞추어 그 내부에 무엇이 있는지 생각해 보기로 한다.

7. 쿼크

'강입자는 더욱더 미세한 요소 쿼크로 이루어진다'라고 주장하고, 새로운 입자 쿼크를 도입하여 강입자의 다양한 성질을 설명하려 한 사람은 미국의 물리학자 겔만이었다.

쿼크는 이제까지 발견된 여느 소립자와도 다른 기묘한 성질을 갖는다. 그중의 하나가 쿼크의 전하이다. 그것은 양성자나 전자와 같이 정수가 아니라 3분의 1이라든지 3분의 2와 같은 중간치가 된다. 겔만은 업(up), 다운(down), 스트레인지(strange) 세 가지 쿼크를 도입했다. 업 쿼크, 다운 쿼크, 스트레인지 쿼크의 전하는 각각 양성자(또는 전자) 전하 크기의 3분의 2, 마이너스 3분의 1, 마이너스 3분의 1배이다.

수없이 많이 발견된 강입자(중입자와 중간자)를 불과 세 개의 쿼크로 설명하려는 것이다. 이렇게 보면 단순하게 보이는 이 생각이 강입자의 성질을 매우 잘 설명해 줌을 알았다. 그에 대한 구체적인 얘기는 조금 더 뒤에서 하기로 하고, 여기서는 입자와 반입자라는 것에 대해서 알아보자(반입자에 대해서는 6장 참조 바람).

소립자(쿼크도 포함해서)에는 모두 그에 대응하는 반입자가 존재한다. 최초로 알려진 반입자는 전자의 반입자인 '양전자'였다. 전자의 전하를 단위로 해서 양전자의 전하는 플러스 1이다. 이렇게 입자와 반입자는 전하의 부호가 바뀐다. 그러나 그 외의 물리량(질량이나 수명 따위)은 완전히 똑같다. 양성자에는 반양성자, 중성자에는 반중성자가 대응한다. 세 개의 쿼크에도 반쿼크가 대응한다. 그것을 반업 쿼크, 반다운 쿼크, 반스트레

〈표 4-5〉

쿼크	전하	반쿼크	전하
업 쿼크	$\frac{2}{3}e$	반업 쿼크	$-\frac{2}{3}e$
다운 쿼크	$-\frac{1}{3}e$	반다운 쿼크	$\frac{1}{3}e$
스트레인지 쿼크	$-\frac{1}{3}e$	반스트레인지 쿼크	$\frac{1}{3}e$

인지 쿼크라 한다. 반쿼크의 전하 부호는 쿼크의 전하와 반대이다.

그러면 이들 쿼크와 반쿼크를 이용하여 강입자를 조립해 보자. 겔만의 생각에 의하면 중입자는 세 개의 쿼크, 중간자는 쿼크와 반쿼크로 이루어진다. 여기서는 자세히 다루지 않고 구체적인 예를 들도록 한다.

(1) 중입자: 양성자는 업, 업, 다운 등 세 개의 쿼크로 이루어져 있다. 양성자의 전하는 플러스 1이다. 즉 업, 업, 다운의 전하 합은 2/3+2/3+(-1/3)로 꼭 플러스 1이 된다. 중성자는 업, 다운, 다운으로 되어 있다. 세 쿼크의 전하 합은 0가 되며 중성자의 전하를 잘 설명해 준다. 전하만을 생각한다면 양성자를 업, 업, 스트레인지로 간주해도 좋을 것 같다. 그러나 양성자는 스트레인지 쿼크를 가질 수는 없다. 스트레인지 쿼크를 포함한 소립자는 '기묘한 입자'라 하는 불안정 입자(케이 중간자나 라무다 중입자 등)뿐임을 알 수 있기 때문이다.

중입자 중에서 불안정 입자의 예를 하나만 들어보자. 델타라 불리는 중입자는 양성자와 파이 중간자로 붕괴한다. 델타는 여러 하전 상태가 있는데 플러스 2인 것은 세 개의 업 쿼크(업,

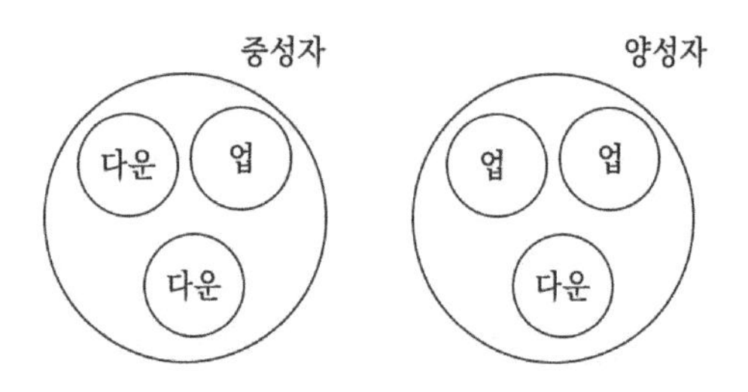

〈그림 4-6〉 양성자와 중성자를 만드는 쿼크

업, 업)로 구성되어 있다.

양성자와 중성자의 반입자인 반양성자와 반중성자는 세 개의 반쿼크인 반업, 반업, 반다운 그리고 반업, 반다운, 반다운으로 각각 구성되어 있다.

(2) 중간자: 파이 중간자에는 세 개의 가전 상태인 플러스 1, 0, 마이너스 1이 있다. 플러스 1인 것은 업, 반다운, 0인 것은 업, 반업 또는 다운, 반다운 그리고 마이너스 1인 것은 반업, 다운이라 하면 된다.

이상, 소립자의 전하에 주목하여 쿼크와의 관련성을 살펴보았다. 많은 중입자와 중간자에 관해서 전하 이외의 성질도 쿼크를 통해 잘 설명할 수 있다.

이제까지 알려진 쿼크는 업, 다운, 스트레인지 외에 참(Charm, 전하는 전자 전하의 3분의 2)과 보텀(Bottom, 전하 3분의 1)이 있다. 또한 6번째의 쿼크로서 톱 쿼크(Top, 전하 3분의 2)가 이론적으로 예상된다.

8. 쿼크는 드러내지 않는다

쿼크의 도입은 대성공이었다. 원자는 원자핵과 전자로, 원자핵은 양성자와 중성자로 설명할 수 있었듯이 100종류에 달하는 강입자가 불과 3개의 쿼크로 이해되는 것이다. '단순한 중에 진리가 숨겨져 있다' 어쨌든 이는 물리학의 기본 규칙일 것이다.

하지만 여기서 곤란한 일이 발생한다. 쿼크는 어떤 실험을 통해서도 발견되지 않는다. 물리학의 역사를 통해 이런 이상한 일은 없었다. 원자나 원자핵의 구성요소인 전자, 양성자 그리고 중성자는 언제나 단독적으로 검출할 수 있다. 그것을 지금 우리는 쿼크를 관찰할 수 없는 채로 그 존재를 가정하여 소립자의 성질을 설명하려 하는 것이다.

쿼크를 검출할 수 없음을 설명하는 데는 두 가지 입장이 있다.

(1) 쿼크는 모두 다 날아가 버린다는 낙관론

(2) 쿼크는 하드론 내부에 들어 있어 날아가 버리는 일은 없다는 설. 이 설에서는 쿼크가 날아가지 못하는 합리적인 이유가 있어야 한다.

가속기의 에너지가 그다지 높지 않았던 시대에는 (1)설이 유력했다. (1) 입장에서는 쿼크가 강입자(양성자, 중성자, 파이 중간자 등)의 내부에 강력한 힘으로 결합되어 있다고 생각한다. 그 결합력을 끊고 쿼크를 강입자 밖으로 끌어내려면 강입자에다 별도의 입자를 충돌시켜 강한 충격을 주지 않으면 안 된다. 그러나 그러기에는 당시의 가속기 에너지가 아직 부족했다. 사람들은 장래에 더욱 큰 가속기가 건설되면 모든 쿼크를 관측할 수 있으리라고 기대했던 것이다.

하지만 가속기가 대형화되고 에너지가 증가해도 쿼크는 그 모습을 드러내지 않았다. 우주선(우주에서 날아오는 소립자) 속에서 쿼크를 찾아본 사람도 있었다. 혹은 지구에 낙하한 운석(隕石) 속에 쿼크가 존재하지나 않을까 해서 커다란 자석으로 끌어내려고 한 사람도 있었다. 그러나 이러한 시도는 모두 실패로 끝났다.

이러한 실험상황에 대해서 이론가는 당당하게 (2)의 입장 즉 '원래 쿼크는 드러내지 않는다'로 전향했다.

보통, 실험에서 관측할 수 없는 것은 가상의 것에 불과하다. 그것이 실제로 존재하는지 그렇지 않은 지는 실험관측으로 결정해야만 한다는 생각에 따르면 쿼크는 존재하지 않는 것이 된다. 하지만 앞에서 보았듯이, 쿼크의 도입으로 인해 소립자의 각양각색의 성질을 아주 잘 설명할 수 있었다. 관측되지 않는다고 해서 쿼크를 간단히 버릴 수는 없다.

쿼크는 존재하여야 한다. 하지만 그와 동시에 쿼크는 우리 앞에 모습을 드러내지는 않는다. 이 대립되는 두 요구를 어떻게 화합시킬 것인가?

최근의 '쿼크 감금이론'에서는 다음과 같이 생각한다. 전자기력(중력)은 전하(물체)간의 거리에 제곱한 것에 반비례한다. 즉, 두 전하(물체)를 떨어뜨려 그 거리를 크게 하면 전자기력(중력)도 약해진다. 그런데 '쿼크에는 (중력이나 전자기와는 달리) 거리와 함께 강해지는 힘이 작용하고 있다'는 것이다. 그러므로 쿼크를 떼어 놓으려고 하면 쿼크는 점점 더 강한 힘으로 서로 끌어당기게 된다. 즉 아무리 시간이 지나도 쿼크를 강입자 밖으로 끌어낼 수는 없다는 것이다.

모습을 드러내지 않는 쿼크. 원자-원자핵-소립자-쿼크로 발전해 온 물질연구는 마침내 종점에 도달한 것일까? 쿼크가 영원히 모습을 드러내지 않는다면 쿼크야말로 물질의 궁극적인 요소—데모크리토스의 원자—라고 간주할 수 있을 것인가?

'진공과 거기에 떠 있는 원자', 이것이 그리스 시대에 데모크리토스가 상정한 자연의 모습이었다. 이것을 현대어로 바꿔보면, 자연이란 '진공과 거기에 떠 있는 쿼크'가 된다. 그러면 쿼크가 떠 있는 진공이란—데모크리토스가 생각했듯이—아무것도 없는 공허한 공간인가? 쿼크에 작용하는 기묘한 힘은 진공에서 전달되는 것일까? 그렇다면, 중력이나 전자기력을 포함해서 진공에는 '힘을 전달한다'고 하는 특질이 있을 듯하다. 어쨌든 힘과의 관련 중에 진공의 본질이 숨겨져 있을 것 같은 생각이 든다.

5장

진공과 힘

1. 진공, 물질 그리고 힘

3장에서 '진공이란 물질(원자, 원자핵, 소립자 등)이 없는 상태'라고 했다. 또 '물질이란 깊이 파고 들어가 보면 소립자의 집합체이다'라는 것이 4장의 결론이었다. 여기서 구태여 쿼크라 하지 않은 것은 쿼크가 아직 관측되고 있지 않기 때문이다. 자연은 즉 이 우주는 진공이라는 무대에서 소립자라고 하는 배우를 지배한 결과라고 말해도 좋은 것일까?

여기서 주의해야 할 점이 있다. 소립자는 전혀 따로따로(랜덤하게) 존재하지 않는다는 것이다. 우선 양성자와 중성자는 서로 강하게 결합하여 원자핵을 만들고 있다. 원자핵의 주위에는 전자가 이끌려 와서 원자를 구성한다. 다시 이러한 원자가 결합하여 분자가 되는 것이다.

그렇다면 왜 양성자와 중성자는 원자핵이라는 좁은 공간에 들어 있는 것일까? 왜 전자는 원자핵의 가까이에 모이는 것일까? 우연히 그렇게 되었다고 하기에는 자연이 너무나도 규칙적이다. 현대 물리학에서는 그 규칙성의 원인을 '힘'에서 구한다. 즉 입자(양성자와 중성자 혹은 원자핵과 전자) 간에는 고유의 힘이 작용하고 있다는 것이다. 그 힘으로 인해 특정한 입자끼리 서로 끌어당기기도 하고 서로 반발하기도 하는 것이다. 그런데 서로 떨어져 있는 입자 간에는 진공이 있다. 그리고 그러한 진공은 공허하게 보인다. 그러면 그 진공 속을 어떻게 해서 힘이 전해지는 것일까? 힘은 순식간에 작용한다고 생각해야 할까?

이제까지는 진공 안에 물질(입자)이 있다는 입장에서 얘기를 진행해 왔다. 여기서 하나 더 새로운 개념인 '힘(力)'을 도입하기로 한다. '진공과 물질'은 말하자면 자연의 정적(靜的)인 측면을 나타내고 있다. 여기에 힘이 들어가면 비로소 (소)입자들은 특별한 결합 상태—원자, 원자핵—를 만드는 것이다. 진공이라는 무대 안에서 소립자와 힘은 어떻게 상호작용하는 것일까? 힘의 전파에 대해서 진공이 하는 역할은 무엇일까?

2. 미시적(Microscopic)인 힘과 거시적(Macroscopic)인 힘

"어느 장사는 힘이 세다."라고 했을 때 우리는 어떤 상황을 상상할 것인가?

모래판 중앙에서 씨름꾼이 서로 맞붙어 있다. 호흡 한번 들이키자마자 한쪽이 온몸에 힘을 실어 다른 쪽을 단숨에 모래판에 쓰러뜨린다.

이것이 대표적인 장면일 것이다. 이때 힘이란 접촉한 물체—인간의 몸도 물체라 부르기로 한다—간에 작용하는 힘이다. 책상 위에 있는 사전을 손으로 누른다. 개가 끈을 잡아당긴다. 그녀에게 한 방 얻어맞았다 등 일상생활에서 볼 수 있는 힘은 대부분이 접촉한 물체 간에 작용하는 힘이다. 이런 형태의 힘은 직감적으로 이해하기가 쉽다.

이에 반해 이제부터 문제 삼고자 하는 것은 또 다른 형태의 힘, 즉 서로 떨어진 장소에 있는 두 물체에 작용하는 힘이다. 예를 들어 보자. 우선 원자, 분자 또는 소립자 간 등 소위 미시적인 세계에서 볼 수 있는 힘이다. 이것에 대해서는 종종 언급했다. 다음에 천체(물체) 간에 작용하는 중력이다. 지구에서의 물체의 낙하는 물체와 지구 간의 중력이 그 원인이다. 아주 가까운 곳에서 찾자면 자석이다. 자침은 항상 남북을 가리킨다. 자침을 억지로 동서로 돌려놓고 손을 떼면 자침은 90도 방향을 바꾸어 남북을 다시 가리킨다. 관성이 있으므로 조금 더 돌아가고 나서 다시 제자리로 돌아오는 식으로 몇 번 진동을 반복하기는 하나 그래도 결국 남북으로 향한다. 자침은 어디선가 힘을 받는 것이다. 이 힘을 자기력(磁氣力)이라 하자. 소립자 간의 힘, 중력, 자기력 등의 특징은 떨어진 물체에 힘이 작용하는 점이다. 우리가 여기서 주목해야 할 것은 이 힘이다. 이 힘의 원인이나 성질을 지금부터 밝혀보고자 한다.

힘은 물질에 작용함으로써 비로소 그 모습을 드러낸다. 힘을 받은 물질은 운동하며 또한 변화하기도 한다. 혹은 특별한 상태—자석이 남북을 가리키도록 하는—로 만든다. 그러므로 힘을 해명하는 것은 물질의 존재를 전제로 하는 것이다. 앞서 얘기했듯이 물질은 소립자의 집합이다. 따라서 힘의 원인을 밝혀내려고 생각한다면 아무래도 소립자의 세계에다 기준을 두고 힘을 받은 소립자를 관찰해야만 한다. 즉 소립자의 세계에서 힘과 물질이 훨씬 기본적으로 관련되어 있음을 볼 수 있기 때문이다.

소립자뿐만이 아니라 분자, 원자, 원자핵을 포함한 '미시적인 세계'에서는 고유한 힘이 있다. 이들 중에는 우리가 사는 '거시적인 세계'에는 얼굴을 내밀 수 없는 것도 있지만, '미시적인 세계'와 '거시적인 세계'의 양쪽에 공통으로 나타나는 것도 있다. 곧 중력과 전기력 그리고 자기력이다. 여기서 전기력과 자기력을 하나로 묶어서 '전자기력'이라 부른다.

미시적인 세계에 들어가기 전에 거시적인 세계에서 존재하는 두 가지 힘—중력과 전자기력—을 생각하기로 하자. 그 힘이 나타나서 작용하는 무대 '진공'에 대해서도 깊이 고찰해보고 싶다. "힘이란 무엇인가?"라는 질문을 조금 더 알기 쉽게 말한다면 다음과 같이 된다. "힘은 어떻게 발생하며 전파되는 것인가?" 여기서 묻고 있듯이 힘의 발생과 전파의 메커니즘이야말로 힘의 본질인 것이다.

3. 데카르트와 뉴턴

2장에서 우리는 그리스 시대로부터 17세기에 이르기까지의 진공연구의 발자취에 대하여 논했다. 토리첼리, 파스칼, 게리케로 이어지는 일련의 진공실험이 발표되었을 무렵 진공에 대해 독자적인 견해를 발표한 학자가 있었다. 프랑스의 천재 데카르트(Descartes, 1596~1650)이다.

데카르트는 '근세 철학의 아버지'라 불리는 대철학자이다. 그는 또 해석 기하학을 비롯한 수학자이기도 하며 운동의 법칙을 추구한 자연과학자이기도 하였다. 자연 연구에 수학을 이용하여 생물과 무생물을 막론하고 '자연은 기계이다'라는 자연관에 도달했다. 그에 따르면, 공간은 등질(等質)하며 어디에도 똑같이 펼쳐져 있다. 공간은 물질 그 자체이며 공허한 공간, 즉 진공은 존재하지 않는다.

데카르트로부터 50년 정도 뒤떨어져 뉴턴(Newton, 1643~1727)이 등장한다. '만유인력'의 발견자로서 그의 이름을 모르는 사람은 아마도 없을 것이다. 뉴턴은 1686년 고전 역학을 집대성하고 근대역학의 체계를 잡은 대저서 '프린키피아'를 출판했다. '프린키피아'는 유럽의 지식 계급에 커다란 반향을 불러일으켰다. 특히 "힘이란 무엇인가?"라는 과제를 둘러싸고 데카르트파와의 사이에 대논쟁이 일어났다.

4. 중력의 원인

데카르트파는 중력의 원인을 어떻게 생각했는가? 네덜란드의 물리학자 하위헌스(Huygens, 1692~1675)의 설을 소개하고자 한다. 하위헌스는 꼭 충실한 데카르트 주의자는 아니었지만, 뉴턴의 만유인력—거리를 두고 물체 간에 작용하는 힘—에는 반대했다. 데카르트의 우주관에 따르면 우주 전체는 미세한 입자(매질)로 꽉 차 있다. 그 미립자는 매우 빠른 속도로 지구 주위를 회전하고 있다. 그러나 개개의 미립자가 회전하는 방향은 제 각각이다. 이 유체(流體) 안에 있는 물체에는 사방팔방으로부터 미립자가 부딪치므로 물체가 일정한 방향으로 힘을 받는 일은 없다. 그러므로 물체는 정지(상하 방향으로는 운동해도 좋다)해 있으며 지구와 함께 회전하는 일은 없다. 따라서 물체에는 원심력이 작용하지 않는다. 한편, 고속으로 회전하는 개개의 미립자에는—개개의 미립자는 여러 방향으로 회전하고 있지만—원심력이 분명히 작용한다. 그럼에도 불구하고 미립자는 지구 주위로부터 우주 공간으로 달아날 수 없기 때문에 원심력의 반작용으로 인해 미립자는 물체에 지구를 향한 힘을 미치는 것이다.

데카르트파에 있어서 뉴턴의 '만유인력 법칙'은 근거 없는 수학적인 가설일 수밖에 없었다. '힘은 매질을 통해서 전해진다'라는 데카르트파의 생각에 따르면 '인력'의 개념은 무용한 것, 애매한 것이었다. 원인이 확실치 않은, 다시 말해 물체에 내재한다고 하는 힘은 스콜라적인 개념으로써 배척되어야만 했다. 하위헌스는 또 스스로의 생각을 뒷받침하기 위해 다음과 같은 실험을 인용했다.

원통형의 용기에 물을 채우고 그 안에 봉랍(封蠟, 서장이나 병의 뚜껑을 봉하는 나무 재질)의 잘라낸 부스러기를 넣는다. 이 용기를 책상에 올려놓고 회전시킨다. 물보다 약간 무거운 봉랍은 물과 함께 회전하므로 원심력 때문에 용기 벽에 붙게 된다. 여기서 용기의 회전을 급히 멈추게 하면 물은 계속 돌지만, 봉랍은 무거우므로 회전속도가 줄어서 용기의 중심으로 모이게 된다. 이것은 물체가 중력으로 인해 지구의 중심으로 끌리는 것과 같은 작용이다. 데카르트파의 생각에는 잘못된 것도 있지만 힘은 매질을 통해 전해진다고 지적한 것은 공적이 크다.

5. 전파하는 힘

'매질이 있고 그 안을 힘이 한정된 시간에 걸쳐 전파한다'는 데카르트류의 생각을 '힘의 근접 작용론'이라 한다. 이것은 물속에서 파가 전파되는 것과 같은 이치이다. 한편 '힘은 순식간에 작용한다'는 생각을 '원거리 작용론'이라 일컫는다. 그러면 뉴턴 자신은 힘의 원인을 어떻게 생각했을까? 그도 또한 '에테르(Ether)라는 희박한 매질을 통해서 중력이 생겨난다'라고 생각한 적이 있었다. 그러나 진짜 원인을 알지 못한 채 그것을 신에게서 구했다. 그는 중력의 원인에 대해서는 신중한 나머지 자신의 설을 확실하게 언명하지 않았다.

그보다도 그에게 중요한 것은 중력의 법칙에 의해 물체나 천체의 운동을 정확하게 기술할 수 있는 점이었다. 그는 말한다. "나는 가설을 세우지 않는다. 왜냐하면 현상을 통해 결론이 나오지 않은 것은 모두 가설이며, 가설이 실험 철학에 들어갈 여지는 없기 때문이다. 중력이 여기 존재하며 그것이 우리가 규명한 법칙에 따라 작용하고 천체나 조석(潮汐) 운동을 설명하기에 도움이 된다면 그것으로 충분하다."

뉴턴의 방법론은 개개의 현상을 분석하는 일에서 법칙을 발견하는 실험 중시론이다. 실험 사실이 피라미드의 하부에 있으며 거기에서 법칙을 추출해서 피라미드로 올라간다. 마지막으로 정상에 있는 진리에 도달한다는 귀납적인 방법이다.

이에 반해 데카르트는 우선 선견적 원리(先見的原理)를 피라미드의 정상에 놓는다. 거기서부터 논리의 줄거리를 더듬어 피라미드의 하부(개개의 자연 현상)로 내려온다는 연역적인 방법론이다. 오늘날 자연현상을 취급하는 실험 물리학에서는 뉴턴 방식이 보통이다.

하지만 데카르트가 재창한 '힘의 근접 작용론' 중에도 힘의 관성에 대한 중요한 개념이 포함되어 있었다. 물론 우주에 떠다니는 미세한 입자 따위는 아무런 근거도 없다. 그러나 '힘은 정해진 시간에 걸쳐 공간을 통해 전해진다'는 생각은 현대 물리학에서도 살아남아 있다. 단, 여기서 말하는 공간이란 데카르트가 말하는 미립자로 충만한 공간은 아니다. 진공이라 해도 힘은 전달된다. 사실 천체 간에 작용하는 중력은 진공에 가까운 우주 공간에서 전파되고 있다.

그러면 진공이란 아무것도 없는 공허한 공간일 수 없는 것이 아닐까, 진공의 어딘가에 힘을 전달할 능력이 숨겨져 있는 것은 아닐까? 18세기에 들어오면 전기와 자기에 대한 중요한 발견이 계속되며, 힘의 연구는 역학으로부터 전자기학으로 그 무대를 옮기게 된다. 여기서 힘의 원거리작용과 근접작용, 진공이 힘을 전할 수 있는 메커니즘에 대해 흥미 있는 아이디어가 제안된다.

6. 자기력과 전기력

두 개의 물체 간에 작용하는 중력은 두 물체 간의 거리의 제곱에 반비례 한다. 거리가 2배가 되면 세기는 4분의 1이 되며 거리가 3배가 되면 그 세기는 9분의 1이 된다는 식이다.

한편, 쿨롱(Coulomb, 1736~1806)은 두 개의 전하 혹은 자극 간의 힘도 거리의 제곱에 반비례한다는 것을 발견했다. 처음에는 전기력(자기력)은 전하(자기)를 띤 물체로부터 외부에 방출되는 미립자의 작용, 근접작용이라 생각했다. 그러나 유리 등을 통해서도 전기력과 자기력(이것을 통틀어 전자기력이라 부른다)이 작용함을 알고 '전자기력은 거리를 둔 물체에 직접 작용한다'는 원거리 작용의 개념이 우세하게 되었다. 게다가 중력과 전자기력이 모두 다 거리의 제곱에 반비례 한다는 것은 두 개의 힘이

유사함을 의미한다고 받아들여졌다.

쿨롱의 법칙은 전자기의 현상을 정량적(定量的)으로 기술한다고 하는 의미에서 중요하다. 이것을 계기로 물리현상을 수학적으로 취급하는 것이 자연과학에서 노리는 방법이라고 하는 풍조가 높아졌다. 쿨롱의 법칙으로 일관하는 한—뉴턴의 만유인력의 법칙도 그렇긴 하지만—전자기의 원인을 이러쿵저러쿵 생각할 필요가 없었다. 법칙이 현상을 잘 기술하기 때문에 전자기의 문제를 역학의 문제로써 수학적으로 처리하면 되었던 것이다.

19세기 전반에 들어오면 새로운 전자기 현상이 발견된다. '자장 중에서 도선(導線)을 움직이게 하면 도선에 전류가 흐른다'. 이것이 1831년 영국의 패러데이(Faraday, 1791~1867)가 발견한 '전자기 유도' 현상이다.

그는 전자기력에 대해 중요한 생각을 발표하였다. '전자기력은 순간적으로 전해지는 원거리력이 아니라 매질 속을 (시간이 걸려) 계속해서 전달해 가는 근접력이다'라는 것이었다. 물론 이 시점에서 그 매질이 어떠한 것인지는 알지 못했다.

근접력을 지지하는 현상을 들어보자. U자형 자석과 철분 그리고 그림 용지를 준비한다. 종이 위에 철가루를 뿌리고 자석을 종이 밑에 댄다. 그러면 양극 간(즉 N과 S)에 철가루가 규칙적으로 배열됨을 알 수 있다. 철가루의 배열 모양을 잘 보면 그것은 양극 간을 직선으로 잇지는 않는다. 한쪽 끝, 가령 N극에서 방사선으로 나온 철가루의 선은 화살 모양으로 휘며 다른 한쪽 즉 S극으로 들어간다(〈그림 5-1〉 참조). 이 선을 자기력선이라 부른다. 여러 장소에서 작은 자석을 가지고 철가루로 자침의 방향을 조사해 보라. 그러면 자침은 그 장소의 자기력선

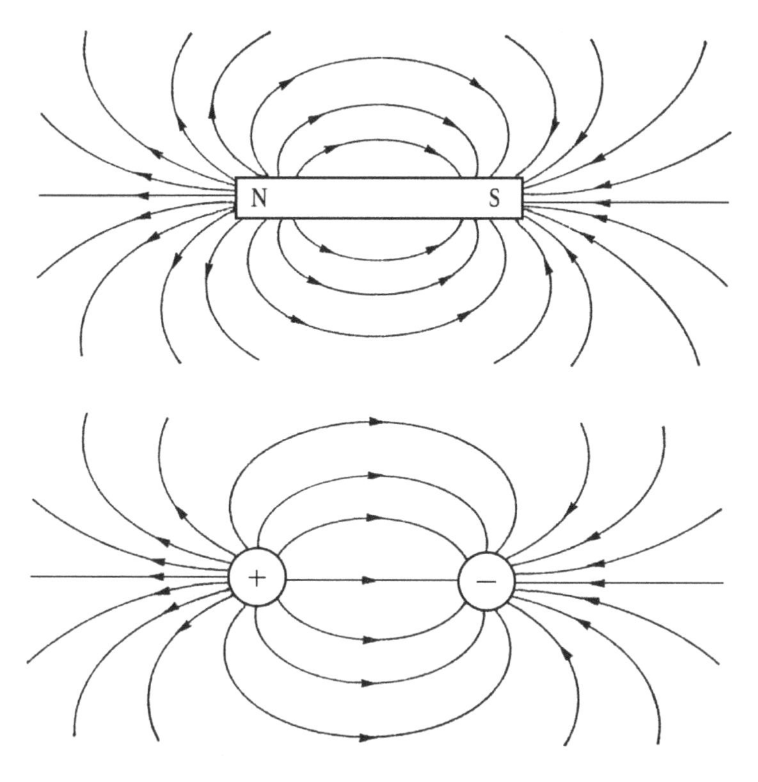

〈그림 5-1〉 자기력선(위)과 전기력선(아래)

을 따라 방향을 잡는다는 것을 알 수 있다. U자형 자석 주위에는 소자석이나 철가루를 정렬시키는 그러한 힘의 장(場)이 생기는 것이다.

플러스와 마이너스의 전하를 띤 경우도 N극과 S극 때와 마찬가지로 '전기력선'이 생긴다. 전기력선은 자침의 방향으로 알아볼 수는 없으나 다른 방법을 써서 그 분포를 알아볼 수 있다.* 중요한 것은 자기력선도 완만하게 구부러진다는 점, 그것을 따라 자기력과 전기력이 작용하는 점이다. 전기력과 자기력이 어떻게 전해지는가는 곧 전기력선과 자기력선으로 알아볼 수 있다는 것이다.

패러데이는 이러한 역선(力線)에 다음과 같은 성질을 부여함으로써 전기와 자기의 현상을 통일적으로 이해하려고 생각했다.

① 역선은 긴 방향으로 모여들려고 하며, 옆 방향으로는 서로 반발하며 퍼진다.

② 역선이 교차하는 일은 없다.

③ 역선은 플러스(N극)에서 나와 마이너스(S극)에서 끝난다. 자기력선과 전기력선의 모습을 그려보면 그림과 같이 된다.

N극과 S극을 연결하는 역선은 모여들려 하므로 N과 S는 서로 끌어당긴다. 한편 N과 N(S와 S)과 같이 같은 종류의 자극은 양극에서 나온 역선이 서로 부딪쳐 교차할 수 없기 때문에 반발하다. 이렇게 해서 같은 종류의 자극은 반발한다는 것을 이해할 수 있다. 진공 중에도 자극이 있으면 그 주위의 공간에는 자기력선이 발생한다. 마찬가지로 전하 주위는 전기력선으로 충만해진다. 이 역선들은 위에 열거한 ①, ②, ③의 성질에 따라 자극 또는 전하에 힘을 미친다.

---

* 지금 임시로 플러스의 전하(이온)를 하나 놓아보면 그것은 전기력선을 따라 플러스 전하에서 마이너스 전하를 향해 이동한다. 이 이온이 지나간 경로가 곧 전기력선이 되는 것이다.

7. 장(場)의 도입

역선이 충만한 공간이란 어떤 공간일까, 원래 역선이란 무엇일까? 눈에 보이지 않는 선이 진공 중에도 달리고 있는 것일까? 역선은 고무줄처럼 늘어나거나 오므라들거나 한다고 해 보면 아무래도 그것은 실재하는(물질적인) 끈처럼 생각되게 한다. 정말 그럴까?

역선 그 실체는 확실치 않지만 어쨌든 전자기력을 잘 설명해 준다. 그러면 중력의 경우도 역선이라는 개념을 생각할 수 있는 것일까? 천체 주위의 우주 공간에도 중력선—일반적인 명칭은 아니지만 임시로 이렇게 불러둔다—이 충만해 있다고 생각해도 좋은가? 대답은 'Yes'다. 이처럼 중력이나 전자기력의 성질은 역선을 통해 설명될 수가 있다. 역선은 구부러져 있으므로 힘이라는 것은 결국 일반적으로 유한한(한정된) 시간을 걸쳐 전해지게 된다. 즉 힘을 근접 작용론으로 이해할 수 있다. 이렇게 보면 역선의 중요성을 알 수 있을 것이다. 역선에 힘의 본질이 숨겨져 있다는 것이 될 법하다.

그러면 역선이란 도대체 무엇인가라고 하는 처음의 명제로 돌아가 보자. 전기를 예로 들어 생각해 보겠지만, 이하의 논의는 자기에 대해서도 똑같이 성립된다. 플러스와 마이너스 전하 주위에는 〈그림 5-1〉과 같이 전기력선이 달리고 있다. 지금 공간의 어느 한 점에 플러스 전하, 예를 들면 양성자를 놓아둔다. 그러면 전하는 그곳을 지나는 전기력선—이때 역선은 교차하는 일이 없으므로 단지 하나의 역선만을 지정할 수 있다—을 따라 마이너스 전하 쪽으로 끌린다. 이때 전하에 작용하는 전기력은 어떻게 될까? 힘은 크기와 방향을 갖는 양*이다.

바꿔 말하면, 어떤 장소에 있어서 양성자에 작용하는 전기력을 결정하려면 그 점에서의 힘의 크기와 방향을 지정하면 된다는 것이 된다. 이때 전기력의 방향은 그 장소에서의 전기력선의 접선 방향이다. 또한 전기력의 크기는 전기력선에 섞여 있으므로 그곳에서는 전기력도 커진다. 물론 전기력선의 모양은 플러스와 마이너스의 전하량을 지정하면 쿨롱의 법칙을 통해 정량적으로 계산할 수 있다. 즉 전기력의 크기와 방향을 공간의 각 점에서 계산할 수 있게 된다. 만일 처음에 놓은 플러스와 마이너스의 전기량이 시간과 함께 변화하면 각 장소의 전기력도 마찬가지로 변화한다.

일반적으로 공간의 장소별로 어떤 종류의 양—여기서는 전기력—이 분포되어 있을 때 이 분포를 장(場)이라 부른다. 전기력에 해당하는 장을 전기장, 자기력에 해당하는 장을 자기장이라 부른다. 마찬가지로 우주 공간에는 중력장이 존재한다. 우주 공간 각각의 장소에 중력이 작용하기 때문이다. 중력 제로의 공간—예를 들면 지구와 달 사이에서 두 개의 인력이 서로 잡아당겨 중력이 상쇄되는 장소—이 있어도 상관없다. 그러한 장소도 포함해서 중력의 분포로 나타낼 수가 있기 때문이다. 장은 공간의 위치뿐만 아니라 시간에도 의존한다. 전기장(자기장)을 만들고 연결하는 전하(자극)는 시간적으로 변화될 수도 있기 때문이다. 중력장도 변동한다. 우주의 저쪽에서 커다란 혜성이라도 날아온다면

---

* 크기와 방향을 갖는 양을 벡터(Vector)라 한다. 힘, 속도, 가속도, 위치좌표 등이 벡터들이다. 이에 반해 크기만을 갖는 양을 스칼라(Scalar)라고 한다. 무게(질량), 온도, 속력, 전압 등이 여기에 속한다.

그 주위의 중력장은 급격하게 커질 것이다. 장이 어떤 것인가를 알았다면 공간의 각 점에서 특정한 시간에 어떤 힘이 작용하고 있는지를 알 수 있을 것이다. 역선은 또한 공간적 시간적인 힘의 분포를 나타내는 것이다. 여기까지 오면 역선이라는 것은 장을 이해하기 위한 편의적인 생각임을 알 수 있다.

역선이 충만한 공간이라는 것은 그야말로 장 그 자체이다. 진공 중에는 장이 존재하고 이러한 장의 행동거지는 역선을 상정하는 것보다 잘 이해할 수 있는 것이다.

8. 장의 전파

앞 절에서의 논의를 요약하면 장이란 장소와 시각에 따라 결정되는 하나의 분포라는 것이 된다. 이 분포라는 것은 예를 들면 전기력, 자기력 그리고 중력의 분포를 말한다. 그러한 힘이 분포되어 있는 공간이 전기장, 자기장 그리고 중력장이다.

물론 힘의 장 이외에도 여러 가지 장이 있다. 그 일례가 물체의 온도이다. 이것을 온도의 장이라 하자. 온도는 물체의 각 점별로 틀리며 또한 시간과 더불어 변화한다. 또 물의 흐름은 장소와 시간으로 결정되는 유속(流速)의 장이다.

장의 변동은 어떻게 전달되는 것일까? 어떤 장소에 플러스의 전기를 가져오면 우선 그 근처의 장이 변화한다. 그 변화는 점점 주의의 장을 변화시켜 차차로 먼 곳까지 전달되어 간다. 이런 현상은 열이나 소리의 전파를 생각하면 한층 뚜렷이 알 수 있다. 즉 장의 전파는 근접 작용론에 따라서 이해할 수 있는 것이다.

소리나 열은 확실히 한정된 시간에 걸쳐서 전달됨을 알았다. 그러나 전자기력이나 중력이 순간적으로 전달되는 것이 아니라 근접작용임을 어떻게 하면 알 수 있을까? 이러한 의문을 갖는 사람에게는 전자기파(라디오나 텔레비전의 전파)의 전파(傳播)를 생각해 보면 되겠다.

전자기파는 전자기장의 전파이다. 그 속도는 광속 즉 1초간에 지구를 7바퀴 반(30만 킬로미터)을 도는 속도이다. 그 속도는 매우 빠르긴 하지만 유한하다. 결국 순간적으로 전달되는 것은 아니다. 전자기파는 전기장과 자기장의 진동이다. 전자기장이 차례로 파동을 치며 전자기력을 전하는 것이다. 전자기력이 전달되는 속도는 전자기파의 속도(광속) 그 자체이다.

9. 에테르(Ether)를 찾아

장은 진공 중에서도 전파되는 것일까? 이전에 다른 온도의 장은 물체가 없으면 성립되지 않는다. 물체가 없으면 물체의 온도 같은 것은 의미가 없기 때문이다. 이러한 발상의 연장선상에서 데카르트나 패러데이의 근접 작용론이 있었다. 그들은 공간을 채우는 매질—그것이 어떤 것인지는 확실치 않지만—이 있으며 그 안에서 힘이 전달된다고 생각했다. 힘을 파로 보면 파를 전달하는 매질을 생각해 보게 된다. 고전 전자기학을 체계화하고 정리한 맥스웰(Maxwell, 1831~1879)도 공간에 충만 되어 있는 전자기 에테르를 상정시켰다. 에테르의 진동이 빛이며 전자기파라고 생각한 것이다. 1887년 독일의 헤르츠가 전자기파를 발견하자 에테르의 존재는 널리 믿게 되었다.

데카르트 시대까지는 매질은 가상적인 것에 불과했다. 매질이 있다고 믿으면 그것으로 충분했다. 데카르트는 그러한 신념에서 출발하여 자연과학을 만들었다. 하지만 근대 물리학에서 매질(에테르)의 존재는 실증되지 않으면 안 되는 것이다. 많은 물리학자가 이 에테르를 검증하려고 실험에 매달리기 시작했다.

맥스웰이 말했듯이 에테르가 빛(전자기파)을 전달하는 매질이라 하자. 그러면 빛의 속도는 에테르에 맞추어 측정한 속도가 된다. 지구는 태양 주위를 돌면서 자전하고 있다. 에테르는 지구의 운동에 따라 같이 움직이는 것일까? 그렇지 않으면 에테르가 정지해 있고 그 안을 지구가 돌고 있는 것일까?

지구는 운동하기 때문에 별이 본래의 방향과는 어긋나 보이는 현상이 있다. 이것을 설명하기 위해서 에테르는 공간에 정지해 있는 편이 이치에 맞는다. 더욱이 이 입장을 취하면 전 우주를 채우고 정지해 있는 에테르가 절대적인 정지 기준을 부여해준다는 매력도 있다. 지구는 우주 공간에 정지해 있는 에테르 속을 운동하고 있다. 또한 빛은 에테르 속을 일정한 속도로 전달된다. 이렇게 생각하면 지구에 전달되는 빛의 속도는 지구의 운동 방향에 따라 달라질 것이다.

예를 들면, (공기를 향해서) 시속 100㎞로 볼을 던졌다고 하자. 이 볼을 볼과 같은 방향으로 진행하는 자동차와 반대 방향으로 진행하는 자동차에 타고서 관측해 보자. 자동차의 속도를 시속 30㎞라고 해 두자. 관측자가 볼과 같은 방향으로 진행할 때 그 관측자에 있어서 볼의 속도는 70(=100-30)㎞가 된다. 관측자가 볼과 반대 방향으로 진행하면 이때는 130(=100+30)㎞로 커진다. 에테르 속을 진행하는 빛을 관측할 경우도 사정은 똑같다. 공기를 에테르에 볼을 빛에 그리고 자동차상의 관측자가 지구상의 관측자에 대응된다. 지구의 운동 방향과 같은 방향 및 역 방향으로 전달되는 빛의 속도를 비교하면 후자는 전자보다 빨라질 것이다. 단지 이 광속의 변화는 매우 작으며 일반 장치로는 관찰할 수가 없다.

10. 마이켈슨의 간섭계

마이켈슨(Michelson, 1852~1931)은 빛의 속도차를 검증하기 위해 마이켈슨의 간섭계(Michelson's Interferometer)라고 하는 감도 높은 장치를 만들었다(〈그림5-2〉 참조). 광원(S)에서 나온 빛은 그 장치의 반투명 거울(M)로 들어온다. 일부는 그대로 거울을 통과해 직진하지만(d_1), 일부는 반사되어 직각으로 꺾인다(d_2). 두 개의 광선은 그 앞에 놓인 거울에 반사되며 검광기(T)(간섭계라 부른다)로 들어오게 된다. 광원에서 나온 빛이 동쪽을 향해 방출되었다고 하자. 계산에 따르면 만일 에테르가 존재한다면 직진하는 빛 쪽이 직각으로 꺾인 빛보다 늦게 검광기에 들어온다. 이 도달 시간의 차를 빛의 간섭 효과를 이용한 고정밀도의 장치로 검출하려는 것이다.

1881년 마이켈슨은 베를린에서 실험을 했는데 진동이 커서 실패하고 말았다. 그래서 이번에는 포츠담의 천문대에 있는 커다란 돌 위에다 장치를 옮겨 설치했다. 장치는 100미터 앞을

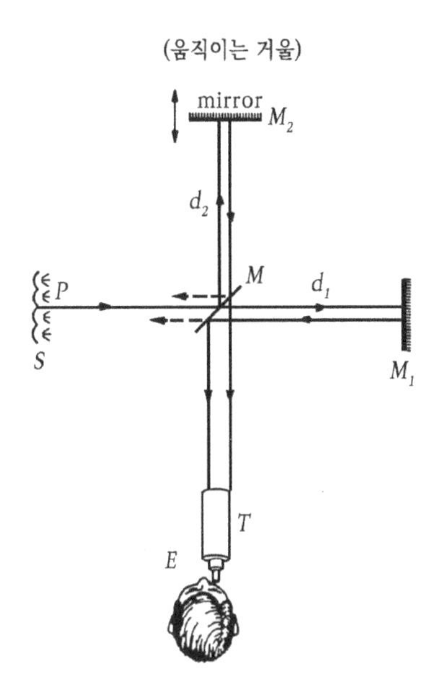

〈그림 5-2〉 마이켈슨의 간섭계

사람이 걸어도 그 진동이 영향을 줄 정도로 고감도였다. 하지만 여기서도 그는 에테르의 효과를 검출하지 못했다. 미국으로 돌아온 마이켈슨은 1886년부터 몰리(Morley)와 함께 다시 실험에 도전했다. 실험은 1년간 계속되었다. 그러나 결과는 전과 다름이 없었다. 에테르의 존재가 부정된 것이다. 헤르츠가 전자파의 발생에 성공하고 전자기 에테르의 존재를 제창한 것과 거의 같은 해의 일이었다. 에테르의 검출 실험은 그 후에도 많이 시도되었다. 하지만 모두 다 에테르의 존재에는 부정적이었다.

그때까지의 논의와 실험 결과를 근거로 하여 1905년 아인슈타인(Einstein)은 상대성 이론을 발표하였다. 이 이론은 그때까지의 공간 개념을 완전히 바꾸어 놓은 획기적인 이론이었다. 이 이론은 이미 에테르의 존재를 필요로 하지 않았다. 거꾸로 전 우주에 퍼져 절대 기준계가 될 뻔했던 에테르는 있어서는 안 되는 존재가 되었다. 어떤 기준계도 동등*하며 물리 법칙은 똑같은 형태로 표현된다는 특수 상대성 이론의 대전제이다.

데카르트 이래 300여 년에 걸쳐 계속되어온 힘의 원인 힘의 전파에 관한 논의에 결론이 난 것이다. 종종 얘기했듯이 빛은 전자기파이며 전자기파는 전기력과 자기력을 전한다. 빛(따라서 전자기파)은 공간을 한정된 시간에 걸쳐 전달된다. 이제 힘의 전파에 대한 메커니즘은 근접 작용론으로 이해될 수 있다. 이전의 데카르트부터 패러데이, 맥스웰의 시대의 근접 작용론에는—첫째, 힘이 전달되는 데는 시간이 걸린다, 둘째는 힘을 전달하는 매질(미립자, 에테르 등)이 존재한다—는 두 가지 전제가 있었다.

새로운 근접 작용론에서도 첫째는 그대로 성립된다. 그러나 두 번째 전제인 매질은 이미 필요치 않다. 진공 중에는 장이 나타나 장이 힘을 전하는 것이다.

11. 진공은 공허한 것이 아니다

여기까지 오면 진공을 아무것도 없는 공허한 공간이라고 간단하게 해치울 수 없음을 알게 된다. 진공이란 완전한 무(無), 수학적으로 제로인 공간이 아닌 것이다. 진공은 전자기력의 장

* 등속운동을 하는 열차 위에서 진자를 흔들어 보면 그 주기는 지상에 있는 진자의 주기와 같음을 알 수 있다. 열차 위의 기준계와 지상의 기준계는 동등하며 거기서는 같은 운동 법칙이 성립된다.

이나 중력의 장을 발생시킨다는 놀랄만한 성질을 갖는다. 그러한 장은 매질을 필요로 하지 않는다. 전자기장이나 중력장은 그 자신이 홀로 선(독립된) 존재이다. 빛은 전자기장의 진동이다. 진동이 전달됨에 따라 힘이 전해진다. 진공은 그 안에 빛의 파를 포함할 수가 있는 것이다. 중력장은 어떤가? 진공은 물질을 놓아둠으로 인해 기하학적인 성질을 바꾼다. 물질이 존재하지 않는 경우에 진공은 같은 모양이다*. 물질이 놓이면 진공에 변형이 생긴다. 이것이 중력장이다. 이 변형이 전파됨에 따라 중력이 전해진다. 지구처럼 밀도가 그렇게 높지 않은 천체의 주위에는 진공의 변형도 작다. 그러나 변형이 제로는 아니다. 우주 공간에는 중성자별이라든가 블랙홀이라는 초고밀도의 별들이 있다. 이 별들의 주위에는 공간이 크게 휘어져 있다. 빛조차 밖으로 나올 수 없다. 그야말로 우주에 떠 있는 검은 구멍(블랙홀)인 것이다.

이렇게 보면 진공은 우리가 예기치 못했던 각양각색의 속성을 가졌음을 알 수 있다. 누가 뭐래도 장의 출현은 진공이 나타내는 최대의 특징이다. 장을 발생시키고 따라서 힘을 전달하는 능력이 진공에 갖추어져 있는 것이다.

---

* 같은 모양의 공간에서는 유클리드의 기하학이 성립된다. 소위 우리가 중학교나 고등학교에서 배우는 그러한 기하학이다. 공간이 변형되면 유클리드 기하학은 성립되지 않는다. 예를 들면, 삼각형의 내각의 합은 180도를 넘지 않는다. 또 강한 중력장 속—따라서 공간의 변형도 크다—에서는 시간도 천천히 진행한다. 물질과 공간 및 사간의 관계는 아인슈타인의 일반상대성 이론으로 확실해졌다.

12. 좀 더 상호작용을

이제까지는 전자기력과 중력이라는 거시적인 세계에 나타나는 힘을 통해서 진공의 성질을 생각했다. 여기서는 미시적인 세계에서 존재하는 고유의 두 가지 힘 '강한 힘'과 '약한 힘'을 보기로 하자.

전자기력이나 중력은 소립자 간에도 물론 작용한다. 마이너스의 전자와 플러스의 원자핵이 서로 끌어당기는 것은 전자기력이 작용하고 있기 때문이다. 앞에서 전자와 원자핵 간, 즉 원자의 내부는 빈틈투성이라고 말했다. 그러나 그 빈틈이라는 것은 아무것도 없는 공허한 공간은 아니다. 전자기장이 충만 되어 있는 것이다. 그 전자기장이 진동함에 따라 전자로부터 원자핵으로 혹은 그 반대로 힘이 전달되는 것이다.

소립자의 세계에서는 보통 중력의 효과는 적다. 중력은 두 개의 물체(소립자)의 질량의 곱에 비례한다. 소립자들의 질량은 매우 작으므로—예를 들어 양성자의 질량은 1조 분의 1그램의 또 1조 분의 1—소립자 간의 중력은 무시해도 무방한 것이다.

앞에서 원자핵 안에는 양성자와 중성자가 빽빽하게 들어차 있다고 했다. 양성자와 중성자가 뿔뿔이 흩어지지 않고 굳게 결합해 있는 것은 왜일까? 사실은 양성자와 중성자 간에는 강한 힘이 작용하고 있다. 양성자와 중성자를 '강입자(하드론, Hadron)'라고 부르는 것은 강한 힘이 작용하는 입자라는 의미에서다. 즉 강입자의 주위에는 강한 힘의 장이 생긴다. 이 장속을 강한 힘이 전달된다고 하는 메커니즘도 전자기장이나 중력장에서처럼 마찬가지이다.

마지막으로 약한 힘을 등장시켜야 하겠다. 이 힘은 방사선 붕괴를 일으키는 힘이다. 힘의 작용은 원자나 원자핵의 경우처럼 단순하게 소립자를 연결하는 것만이 아니다. 소립자 그 자체를 바꾸어 버리는 경우도 있는 것이다.

중성자의 베타(β) 붕괴를 생각해 보자. 중성자는 약 15분이 지나면 붕괴되어 양성자와 전자 그리고 뉴트리노로 된다. 붕괴 과정에 관계되는 4개의 입자 중 강입자는 중성자와 양성자 그리고 경입자(렙톤, Lepton)는 전자와 뉴트리노이다. 그러므로 이 붕괴 과정을 중성자가 양성자로 변하고(강입자로부터 강입자로의 변환), 두 개의 경입자(전자와 뉴트리노)를 방출했다고 볼 수 있다. 강력한 힘은 강입자에게만 작용하는데 약한 힘은 강입자와 경입자 쌍방에 작용하는 것이다.

베타 붕괴의 경우도 4개의 소립자 주위에는 약한 힘의 장이 생기며 그 속을 약한 힘이 전달된다. 이 경우는 4개의 소립자가 관계하므로 전자와 원자핵의 결합이나 양성자와 중성자의 결합과 같이 두 개의 입자 간에 힘이 전달된다는 이미지로는 이해하기 어렵다. 그러나 다음 장에서 설명하겠지만 확실히 약한 힘에도 약한 힘의 전파라는 메커니즘이 존재한다.

강한 힘과 약한 힘의 특징은 도달 거리(작용 거리)가 매우 짧다는 점이다. 예를 들면 강한 힘의 도달거리는 10조분의 1㎝의 1,000분의 1 정도이다. 이 거리를 넘어가면 힘은 급속히 감퇴하여 효과가 거의 나타나지 않는다. 그러므로 강한 힘이나 약한 힘은 거시적인 세계에는 얼굴을 내밀지 않는 것이다.

이상과 같이 자연계에는 4개의 힘이 존재한다. 이러한 4가지 힘의 세기의 척도는 다음과 같다.

① 강한 힘 : 1

② 전자기력 : 100분의 1

③ 약한 힘 : 10만분의 1

④ 중력 : 10^{-39}

이다. 여기서 중력은 1에 0을 3개 늘어놓은 수의 역수이므로 얼마나 작은지 알 수 있을 것이다.

처음 우리는 진공이란 물질이 없는 공간이라고 생각했다. 이것은 일상생활에서 볼 수 있는 그래서 아주 일반적으로 이해되고 있는 진공의 개념이다. 진공 중에 소립자(물질)를 놓아보면 진공은 그중에 4개의 힘의 장을 발생시키는 속성을 나타낸다. 더욱이 소립자의 행동을 자세히 관찰하면 진공에는 훨씬 특이한 성질이 있음이 발견된다. 진공으로부터 소립자가 발생하거나 소립자가 진공 속으로 사라지는 일이 있는 것이다. 이러한 현상은 장의 이론(Field Theory)이라는 학문 체계 속에서 취급되고 있다. 진공이 그 성질을 완전히 바꾸는—상전이(相轉移)라 부름—경우도 있다. 다음 장에서는 미시적인 세계를 대상으로 하여 진공이 갖는 각양각색의 속성을 알아보기로 한다.

6장

새로운 진공

1. 진공으로부터 입자가 튀어나옴

앞에서 다룬 진공이란 '물질(쿼크나 경입자 등)이 없는 상태'였다. 그렇기는 해도 진공은 물질 간에 힘을 전달하는 '장(場)'을 내포한다고 하는 특이한 성질을 가졌다. 거기에서 논의한 진공이란 소위 말하는 '거시적인 세계'에 나타나는 진공이다.

물질은 소립자의 집합체이다. 소립자가 존재하고 있는 공간은 소위 말하는 미시적인 세계이다. 미시적인 세계에는 거시적인 세계에서는 볼 수 없는 고유한 현상이다. 예를 들면, 세 가지 힘 중 '강한 힘'과 '약한 힘'은 미시적인 세계에서만 얼굴을 내미는 힘이었다.

거시적인 세계에 있어서 물체의 운동은 '뉴턴 역학'으로 이해할 수 있다. 그런데 소립자나 원자의 상태를 기술하기 위해서는 새로운 역학인 '양자역학(量子力學, Quantum Mechanics)'이 필요하게 된다. 그와 함께, 미시적인 세계에서는 진공의 성질도 완전히 바뀐다. 미시적인 세계에 나타나는 새로운 타입의 진공을 '양자역학적 진공'이라 하여 이제까지 얘기한 '고전적 진공'과 구별하기로 한다.

그러면 여기서 '질량과 에너지의 등가성'이라는 상대성 이론에서 나오는 기본법칙을 설명해 두자. 양자역학적 진공에 대한 얘기에서는 이 법칙이 종종 중요한 역할을 하기 때문이다. 단지, 그것을 완전히 이해하려면 상대성 이론을 배워야만 하는데 여기서는 구체적인 예를 들어 법칙의 물리적 의미를 생각하는 것으로 그치기로 한다. 우선, 처음에 탄소의 연소를 생각해 보자. 탄소는 산소와 결합하여 탄산가스가 된다. 그때, 탄산가스

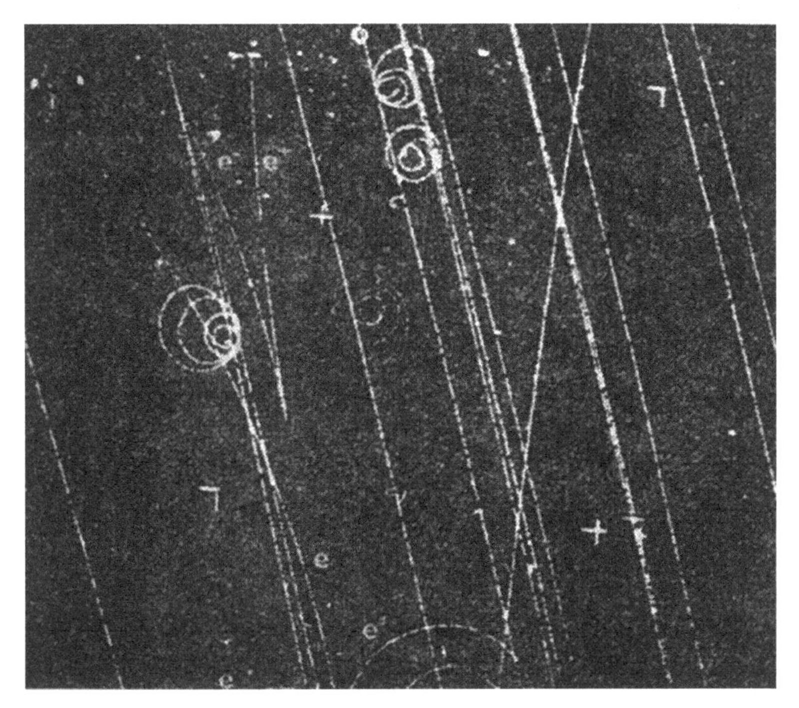

〈사진 6-1〉 감마선으로부터 전자(e^-), 양전자(e^+)가 발생한다

1g에서 약 2kcal의 열이 발생한다. 거기서 연소 전에 있던 탄소와 산소의 질량을 연소로 인해 발생한 탄산가스의 질량과 비교해 보면, 연소로 인해 아주 작은 질량이 없어졌음을 알 수 있다. 즉, 탄소와 산소의 질량 합계보다 탄산가스의 질량이 1조 분의 1정도 가벼워진 것이다. 그 없어진 질량이 열에너지로 변한 것이다. 연소에 의해 질량이 에너지로 변환되는 것은 그 효율이 지극히 낮다(효율이 1조 분의 1).

태양의 내부에서는 수소에서 헬륨이 만들어진다. 이것이 핵융합 반응이다. 여기서는 1초간에 400만 톤의 질량이 소모된다. 그 질량이 빛이나 열에너지로써 우주 공간에 방출되는 것이다.

만일 우리가 효율 100퍼센트로 질량을 에너지로 변환시킬 수 있다면 어떨까? 1g의 물질이 완전히 에너지로 바뀌면 200억 킬로칼로리의 에너지가 발생한다*. 인간이 식료품으로부터 얻는 하루당 에너지가 대개 2,000kcal이다. 그러므로 1g의 물질에서 나오는 에너지는 1000만 명이 소비하는 식료품에서 나오는 에너지에 해당된다! 물질을 에너지로 바꿀 수가 있다면 그 반대로 '에너지로부터 물질을 생성시킬 수 있는 일'도 가능해진다. 즉, 물질과 에너지와는 완전히 동등한 것이다. 에너지가 높은 빛을 감마선(γ-Ray)이라 한다. 감마선이 비적(飛跡)**관측 장치 속으로 들어가면 거기서 전자와 양전자가 발생한다. 감마선은 전기적으로 중성이며 비적을 남기지 않는다. 사진에서 알 수 있듯이 아무것도 없는 곳에서 돌연 2개의 비적이 나타나고 있다. 이것이 전자와 양전자에 해당한다.

이 현상을 조금 더 미시적인 입장에서 생각해 보자. 관측 장치는 수소 원자로 차 있다. 따라서 양성자와 전자 주변에는 전자기장이 발생한다. 여기에 감마선이 들어오면 감마선 에너지 물질화되어 전자와 양전자의 쌍이 발생하는 것이다.

---

* 물질을 완전히 소멸시켜 에너지로 바꾸려는 것은 물질과 반물질의 소멸 현상을 이용하는 것이 된다. 소립자의 레벨에서 소멸 현상은 별로 희귀한 일은 아니지만, 거시적인 스케일에서의 질량 소멸은 기술적으로 실현하기 곤란하다. 소멸 현상에 대해 자세한 것은 히로세 다치나리(廣瀨立成)의 『반물질의 세계』를 참조하기 바란다.

** 수소거품상자라고 불린다. 수소는 -250℃ 정도로 얼리면 액체가 된다. 이 액체수소 속에 전하를 띤 소립자가 들어가면, 소립자가 통과한 후에 거품이 발생한다.

양성자와 전자 사이는 빈틈투성이이지만 그 빈틈에는 '진공과 거기서 발생한 전자기장'이 있고, 그 전자기장의 에너지가 물질(전자와 양전자)로 전환되는 것이다.

2. 디랙의 등장

고전적인 진공이란 물질이 존재하지 않는 공간이었다. 아무것도 없어야 할 진공 속에서 전자와 양전자가 발생한다고 하는 수소거품상자의 예는 고전적인 진공으로는 이해할 수 없었다. 빛에너지가 미소한 공간에 집중적으로 가해지면 그 공간은 양자역학적인 진공으로 행동하게 되는 것이다. 그러면 양자역학적인 진공이란 무엇일까?

1905년, 아인슈타인이 특수상대성 이론을 완성했다. 소립자의 에너지가 높아져 운동의 속도가 광속에 가까워지면 그 소립자를 기술하기 위해서는 상대론이 필요하게 된다. 더구나 미시적인 세계에서는 '양자역학'이라는 새로운 역학이 유효하다.

1928년 5월, 영국의 천재 디랙은 전자가 따르는 '상대론적 양자역학적 운동방정식'을 연구 끝에 완성했다. 그런데 그 운동방정식을 풀어보고, 큰 문제가 숨어있음을 발견하였다. 그 해답 중에는 플러스 에너지를 갖는 전자와 아울러 마이너스 에너지를 갖는 전자가 함께 나타났기 때문이다.

보통 사람이라면 그러한 운동방정식은 전자의 운동을 올바로 기술하지 못한다고 하여 덮어두었을 것이다. 그러나 디랙은 고심하여 발견한 이 운동방정식이야말로 전자의 운동을 올바르게 기술하고 있는 것이라고 확신했다.

"운동방정식은 옳다. 오히려 마이너스 에너지가 현실로 나타나지 않게 되는 물리적인 해석을 발견하자." 디랙은 이렇게 생각했다.

만일 마이너스 에너지를 가진 전자를 허용하면 어떤 일이 일어날까? 물질의 상태는 에너지가 낮은 쪽이 안정된 상태이다. 물이 산에서 강으로 흘러가는 것도, 높은 산으로부터 낮은 강으로 흐르는 쪽이 '위치 에너지'가 작고 안정되어 있기 때문이다. 즉 자연은 안정된 상태(에너지가 낮은 상태)를 좋아한다고 할 수 있다. 그러면 플러스 에너지를 띤 전자는 빛 같은 것을 발생시키면서 점점 에너지를 잃게 되며, 에너지가 낮은 마이너스 에너지 상태로 옮아갈 것이다. 그리고는 마침내 플러스 에너지의 전자는 이 세상에서 그 모습을 감추고 말게 될 것이다. 이것은 확실히 현실과 모순된다. 이것이 바로 '마이너스 에너지 곤란'이라는 것이다. 어떻게 하든 플러스 에너지의 전자가 마이너스 에너지 상태로 떨어지는 것을 방지하지 않으면 안 된다.

여기에서 디랙은 이제까지의 상식적인 진공—아무것도 없는 텅 빈 상태—을 대신하여 전혀 새로운 입장에서 진공을 다시 해석했다. 그는 우선, '마이너스 에너지 상태에는 전자가 빈틈없이 들어차 있으며 이미 플러스 에너지를 가진 전자가 에너지를 잃어서 마이너스 상태로 들어갈 여지는 전혀 없다'고 하여 '마이너스 에너지의 곤란'을 구원했다. 그리고 이 마이너스 에너지 상태에 전자가 들어차 있는 상태야말로 새로운 '양자역학적 진공'이라 생각한 것이다.

'진공은 아무것도 없는 상태'라고 생각하고 있던 이제까지의 입장

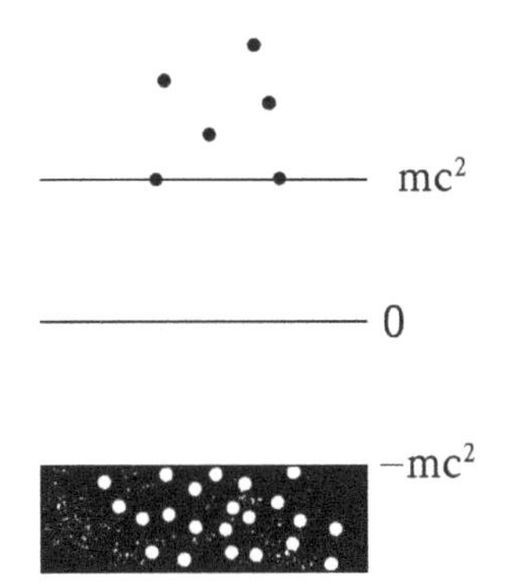

〈그림 6-2〉 디랙 이론에 의한 진공. 이하의 마이너스 에너지 상태에 전자가 모여 있다

은 디랙에 의해 180도 전환되었다. 진공이 텅 빈 것이 아니라 전자가 충만해 있다.

이렇게 디랙은 주장한 것이다. 이 상식을 깬 진공을 상대로 "그것은 너무나도 멋대로의 생각이다."라고 분개하는 사람도 있을지 모른다. "그런 엉터리 같은 해석을 하여 고전적인 진공—아무것도 없는 상태—과의 관계는 어떻게 처리한담. 만일, 진공에 전자가 충만 되어 있다면 우리의 주변은 전자(마이너스 전하)의 바다인 셈이다. 그런 바보 같은 일이 과연 있을까?"라고 의문을 던지는 사람도 있을 것이다.

3. 물질이 충만한 진공

마이너스 에너지의 전자란 무엇일까? 여기서, 운동하고 있는 한 개의 전자를 생각해 보자. 전자의 총 에너지는 운동에너지와 정지질량에 의한 에너지 합으로 된다. 전자의 정지질량을 m, 광속을 c라고 하면, 정지한 전자는 에너지 mc^2을 갖는다. 이것은 앞에서 말한 특수상대성 이론에서 나온 기본법칙 '에너지와 질량의 등가성'을 수식으로 나타낸 것이다.

우리가 실험실에서 관측하는 보통 전자는 플러스의 운동에너지와 플러스의 정지에너지 둘 다 갖는다. 디랙의 이론에서는 거기에다 하나 더 마이너스 운동에너지와 마이너스 정지에너지를 갖는 전자가 나온다.

플러스 에너지의 전자는 이것이 정지하고 있을 때, 최저에너지(정지에너지=mc^2)를 취한다. 반대로, 마이너스 운동에너지를 갖는 전자는 운동을 하면 그만큼 에너지가 낮아져 버린다. 디랙의 이론에 의하면 모든 에너지가 mc^2 이하의 상태(마이너스 에너지 상태)에서는 모두 전자가 들어차 있다. 그러므로 플러스 에너지의 전자(mc^2 이상의 상태에 있는 전자)는 거기로 떨어지지 않는다. 이러한 마이너스 에너지 상태에 전자가 들어있을 때, 이것이 디랙이 말한 진공인 것이다.

그러한 전자를 관측할 수 있을까? 대답은 'No'다. 우리가 관측할 수 있는 것은 진공에서 빠져나온 것이다. 고전론, 양자론을 막론하고 진공 중에 무엇인가가 놓여 있을 때 즉, 진공에 어긋남이 생겼을 때라야만 비로소 관측에 걸려드는 것이다. 고전론과 마찬가지로 양자론에서도 진공은 관측될 수 없다. 예를 들면, 마이너스 전하의 전자가 충만해 있음에도 불구하고 진공의 전하는 제로이며, 관측에 걸리지 않는다.

여기서 진공을 에너지라는 척도로 삼아보자. 고전론에서 진공

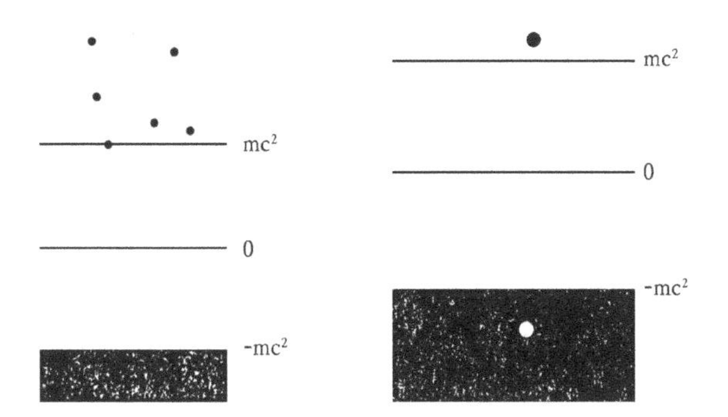

〈그림 6-3〉 양자역학적 진공도 에너지가 최저 상태로 되어 있다(왼쪽). 진공에 구멍이 생긴 경우. 다량의 에너지를 얻은 마이너스 에너지의 전자는 플러스 에너지 전자로 되어 튀어나오고, 진공에는 구멍이 생긴다(오른쪽)

이란 아무것도 없는 상태, 즉 에너지가 제일 낮은 상태였다. 거기에다 물질을 넣으면 질량은 에너지와 동등하므로 에너지는 그 분량만큼 증가한다. '진공이 에너지의 최저상태'라고 함은 진공의 안정성을 의미한다. 산 위에 있는 볼은 불안정하다. 따라서 낮은 장소로 굴러간다. 그리고 계곡에 도달했을 때 정지하며 그때서야 안정을 찾게 된다. 진공이란 이 계곡에 해당한다.

양자역학적 진공도 마찬가지로 에너지가 최저상태로 되어야만 한다. 그렇다면 진공에서 어긋났다는 것은 무엇일까? 그것은 진공보다 높은 에너지 상태로 되어 있는 것일까?

진공에서 어긋난 상태는 두 종류가 있다. 첫째는, 진공에 플러스 에너지의 전자가 첨가된 경우이다. 이때, 우리가 관측하게 되는 전자의 에너지는 플러스, 전하는 마이너스이다. 즉, 에너지와 전하가 진공으로부터 빠져나온 상태임을 나타내는 것이다. 두 번째의 어긋남은 진공에 구멍이 난 상태이다. 예를 들면, 빛으로 인해 커다란 에너지 진공(마이너스 에너지의 전자)에 닿았다고 하자. 그러면 다량의 플러스 에너지를 얻은 마이너스 에너지의 전자는 플러스 에너지의 전자가 되어 진공으로부터 내밀린다. 그 전자는 플러스 에너지를 갖은 보통의(관측할 수 있는) 전자가 되므로, 〈그림 6-3〉과 같이 mc^2보다 높은 에너지 상태로 올라간다. 즉, 빛의 에너지가 '전자'와 '전자의 구멍'을 생성시킨 것이다. 그러면 이러한 전자가 빠지고 난 껍데기란 무엇인가? 그것이 현실에 존재하는 소립자일까?

4. 진공에 생긴 구멍

디랙은 진공에 생긴 구멍을 다음과 같이 해석했다. 앞에서 얘기했듯, 진공에는 전자가 꽉 들어차 있지만 그것이 진공인 이상 전하를 가져서는 안 된다(그렇지 않으면, 진공이 관측에 걸려 버린다). 즉, 진공은 전기적으로 중성이어야 한다. 그 진공에서 마이너스 전하를 띤 전자가 빠진 것이므로 남은 구멍은 플러스 전하를 띨 것이다.

또한, 진공에서 마이너스 에너지의 전자를 제거했으므로 그 후에는 플러스 에너지 구멍이 남는다. 간단한 예를 생각해 보자. 지금 여기에 공이 10개 있다 치자. 여기에서 마이너스 공 3개(플러스 에너지)를 첨가하는 것이 된다는 것이다.

이상을 정리하면 다음과 같이 된다.

'진공에 생긴 구멍은 플러스 전하 및 플러스 에너지를 가진 입자로써 관측된다'—디랙은 이것을 미지의 '반전자'라 이름 붙였다. 오늘날 '양전자'라 부르고 있는 것이 이 '반전자'인 것이다.

이렇게 해서 디랙은 '새로운 진공'과 '양전자'를 도입함으로써 상대론적 운동방정식에 나타나는 전자의 마이너스 에너지 상태로 처음부터 끝까지 일관된 설명을 부여했다. 이윽고, 1933년 앤더슨은 우주선 중에서 플러스 전하를 가진 전자인 '양전자'를 발견하여 디랙의 예언을 실증하였다. 양전자는 전자와 전하의 부호가 반대로 되는데, 질량은 같으며 전자의 '반입자'라 부른다.

전자에 반입자가 있다면 틀림없이 양성자에도 반입자가 있을 것이다. 그 질량은 양성자와 같으며 전하는 양성자와 반대(마이너스)일 입자일 것이다. 1950년대 초, 미국의 서해안에 있는 캘리포니아 대학에서는 양성자의 반입자인 '반양성자'를 만들기 위해 고에너지 가속기 '베바트론'을 건설했다. 결국 1955년에 쎄그레와 챔버레인이 반양성자를 발견했다.

디랙이 생각한 '상대론적 양자역학'에 따르면 모든 입자에는 '반입자'가 있다. 4장에서 얘기했듯이, 오늘날에는 다수의 소립자가 발견되고 있다. 그 개개의 소립자에는 반드시 반입자가 있음도 확인되었다. 아직 관측에 걸리지 않고 있는 쿼크에도 '반쿼크'가 있는 것이다.

'마이너스 에너지의 전자가 충만 되어 있는 진공'의 입장을 취하면, 앞에서 말한 감마선에 의한 전자와 양전자의 발생도 간단하게 이해할 수 있다. 감마선이 진공에 에너지를 부여해 진공에서 전자를 끌어내고 그런 다음 양전자(전자의 구멍)를 남기는 것이다. 이렇게 해서 만들어진 전자와 양전자는 모두 플러스 에너지를 가지므로 관측할 수가 있다. 전자와 양전자쌍을 생성시키려면 감마선 에너지는 전자의 정지에너지의 두 배 ($2mc^2$) 이상이 되어야만 한다. 이것이 '6-1. 진공으로부터 입자가 튀어나옴'의 의문에 대한 답이다.

5. 두 개의 진공

이렇게 해서 '아무것도 없는 텅 빈 상태'라는 고전적인 진공의 개념은 여지없이 크게 변경되었다. 진공이란 '물질이 충만되어 있는 상태'라는 혁신적인 개념이 도입되었기 때문이다. 이 양자 역학적 진공은 동시에 반입자의 존재를 필요로 하고 있다.

미시적인 세계를 대상으로 고찰되어 온 이 양자역학적 진공은 거시적 세계의 현상으로부터 나온 고전적 진공과는 모순되지 않는 것일까? 토리첼리나 파스칼이나 게리케가 추구한 진공—물질이 없는 상태—은 표적을 빗나간 것이었을까? 진공펌프로 공기를 배기시키고 난 뒤에 남은 공간은 텅 빈 진공이 아니라 물질로 충만해 있었던 것일까?

여기서 한 번 더 진공의 의미를 생각해 보자. 진공펌프로 배기를 계속하여 텅 빈 공간을 만들었을 때 확실히 거기에는 양성자나 중성자나 전자와 같은 물질은 존재하지 않는다. 그러나 그것은 '텅 빈 아무것도 없는 상태'라고 해도 되는 것일까? 물질이 없는 것 그 자체가 텅 빈 상태를 의미하는 것일까? 여기서 말하는 아무것도 없는 상태란 무엇인가가 있다 해도 그것이 관측에 걸리지 않았을 따름이었던 것은 아닐까?

고전적인 진공이란 우리가 준비한 실험 장치—예를 들면, 토리첼리의 진공계—로 실험하여 물질이 존재하지 않는다고 판정된 상태를 말한다. 말을 바꾸면, 만일 거기에 무언가가 충만 되어 있다 해도 그것을 관측할 수 없다면 역시 그곳을 진공상태로 간주하게 된다. 결국 고전적 진공이란 그러한 상태였다.

단지, 그것은 진공이 되기 위한 몇 가지 조건을 채울 필요가 있다. 우선 첫째로, 그 상태가 다른 어떤 상태보다도 에너지가 낮아야 한다. 게다가 진공은—자기 자신이 관측되지 않도록—특별한 물리량(예를 들면, 전하)을 가져야만 한다.

디랙의 양자역학적 진공은 정말 그렇게 되어 있다. 즉, 토리첼리들이 추구하고, 우리가 펌프로 만들어 낸 고전적 진공도 사실을 얘기하자면 전자가 충만한 양자역학적 진공이었다. 그러나 우리가 준비한—토리첼리의 진공계와 같은—실험 장치로는 진공의 양자효과를 볼 수가 없었다. 진공의 양자효과란, 예를 들면 빛으로 인해 입자와 반입자를 생성시키는 것이다. 이것은 미시적인 세계에서 일어나는 현상이다. 거시적인 세계를 보고 있으면 이러한 양자역학적 진공을 검출할 수가 없는 것이다.

거시적인 세계에서 진공은 '아무것도 없는 텅 빈 상태'라는 얼굴을 보였다. 진공의 미세한 구조밖에 나타나지 않는다. 그러나 미시적인 세계로 들어가 보면 훨씬 복잡한 진공의 모습을 볼 수가 있는 것이다.

6. 불확정성 원리

이제까지 설명해 온 양자역학적 진공에는 상식을 초월한 재미있는 성질이 많이 있다. 그러한 특징을 보기 위해서는 미시적인 세계로 들어가 볼 필요가 있다. 그리고 미시적인 세계를 기술하는 '양자역학'의 도움을 빌리면 진공의 미세 구조를 파헤쳐 낼 수 있다.

양자역학에는 '하이젠베르그(Heisenberg)의 불확정성 원리(Uncertainty Principle)'라는 기본원리가 있다. 이 원리 중, 이제부터 논의에 필요한 부분을 집어내 보면 다음과 같다.

'미시적인 세계에서는 에너지와 시간을 동시에 정확히 결정할 수는 없다' 말을 바꾸면, 다음과 같은 경우이다. '에너지를 정확하게 결정하려고 하면 시간에 오차가 심해지며, 반대로 시간을 정밀하게 결정하려고 하면 에너지에 오차가 커진다'

시간과 에너지의 불확정성 관계에서 알 수 있는 것은 극히 짧은 시간 내라면 '에너지 보존 법칙'이 깨어져 버려도 좋다는 점이다. 지금, 입자 A가 정지되어 있는 입자 B에 충돌하는 경우를 생각해 보자. 볼과 마루면 간에 마찰은 없는 것으로 한다. 충돌 전에는 볼 A만이 운동하고 있었지만, 충돌 후에는 A와 B가 같이 운동한다. 이때, 충돌 전에 A가 가지고 있던 운동 에너지와 충돌 후에 A와 B가 가지고 있는 운동에너지의 합은 같다—이것이 '에너지 보존 법칙'의 일례이다. 여기서는 운동에너지 생각했으나 엄밀하게 따지면 질량을 포함해서 모든 에너지를 생각해야만 한다. 충돌 전후에 나타나는 소립자의 반응과 같이 질량이 변해버리는 경우가 있기 때문이다.

볼의 충돌이나 소립자 충돌의 경우, 에너지 보존 법칙은 정확히 성립된다. 그러나 매우 짧은 시간에는 '불확정성 원리'에 의해 에너지가 흔들려 에너지를 정확하게 결정할 수가 없다. 즉, 극히 짧은 시간 내라면 에너지 보존 법칙은 깨어져도 상관없다. 예를 들면, 자유로운 전자가 광자* 하나를 방출했다고 하자. 이것은 조사해 보면 알겠지만 에너지와 운동량(질량과 속도의 곱)의 보존 법칙을 동시에 만족시키지 않는다. 이렇게 에너지 보존 법칙을 개는 그러한 광자를 '가상적 광자(Virtual Photon)'라고 한다.

그러나 '전자가 광자를 방출하고 그것을 다시 흡수한다'는 현상이 극히 짧은 시간에 일어난다고 한다면 비록 에너지 보존 법칙을 깨뜨려도 상관없다. 그리고 그동안 전자와 광자는 별도로 존재할 수 있다. 그 시간은 1초의 10조분의 1의 또 1조분의 1이라고 하는 짧은 시간이다. 너무 짧은 시간이기 때문에 우리는 전자와 광자를 별도로 관측할 수가 없다. 우리에게 있어서는 시종일관 전자 하나만이 존재하고 있는 것에 불과한 것이다.

이제까지 자유로운 전자가 광자 하나를 방출, 흡수하는 경우를 생각해 보았다. 그런데 짧은 시간 내라면 광자를 1개로 제한할 필요는 없다. 2개라도 3개라도 일반적으로 무한개의 광자까지 방출, 흡수할 수 있다. 이렇게 해서, 전자 주위에는 광자가 나오기도 들어가기도 하며 '광자의 구름'을 형성하는 것이다.

---

* 광자(光子)란, 빛을 입자로 간주한 경우에 그렇게 부른다. 소립자는 모두 '파(波)와 입자'라는 이중성을 갖는다.

7. 휘어진 진공

'6-1. 진공으로부터 입자가 튀어나옴'에서 얘기한대로 빛이 진공에 충분한 에너지를 부여하면 전자의 바다로부터 전자가 튀어나와 전자, 양전자쌍이 발생한다. 여기서 에너지 보존 법칙은 정확하게 성립된다. 이러한 과정을 '실과정(實過程)'이라 한다.

그러면 불확정성 원리로 인해 에너지 보존 법칙이 깨어지면 진공에는 어떠한 영향을 미치게 되는 것일까? 극히 짧은 시간이라면 밖에서 에너지가 주어지지 않아도 진공 중에 들어 있는 마이너스 에너지의 전자를 플러스 에너지 상태로 끌어올리는 것이다. 즉, 진공 중에 전자, 양전자쌍이 발생하는 것이다. 물론, 이 전자, 양전자쌍은 일순간밖에 존재하지 못한다. 플러스 에너지 전자는 나타나자마자 다시 마이너스 에너지의 구멍(양전자)으로 떨어져 버린다. 이렇게 에너지 보존 법칙을 깨는—따라서 그것을 실험으로 관측할 수 없는—과정을 '가상 과정'이라 하며, 거기서 발생하는 입자를 '가상 입자'라 한다.

에너지 보존 법칙을 만족시키지 못하는 가상 전자, 양전자쌍이 하나뿐이라고 한정할 수는 없다. 전자 주위에 있는 빛의 구름과 같이 많은 싸이 생성과 소멸을 반복하고 있다. 시간의 스케일을 짧게 해 보면, 진공이 갖는 이러한 기묘한 성질도 볼 수 있게 될 것이다.

그러면 여기서 진공 중에 '전자' 하나를 놓고 '전자'와 그 주변의 진공을 생각해 보자. 진공 중에서 가상적으로 만들어지는 전자, 양전자쌍 중 플러스 전하를 띤 가상 양전자는 '전자'에 이끌리며, 마이너스 전하를 띤 가상 양전자는 '전자'에 이끌리

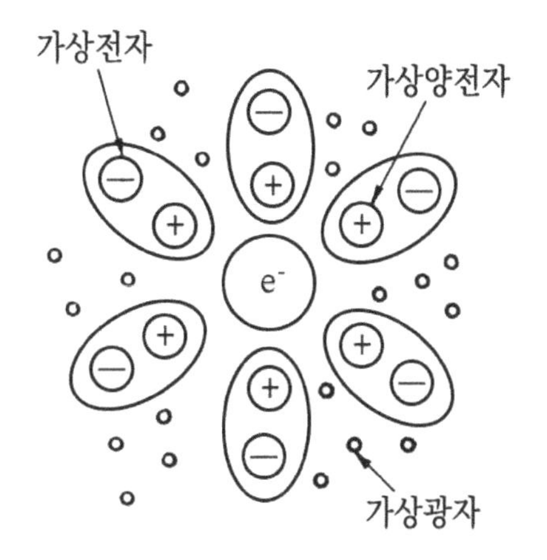

〈그림 6-4〉 진공의 분극

며, 마이너스 전하를 띤 가상 전자는 반발된다. 즉, 진공 중에 '전자'를 놓았기 때문에 진공 중의 가상적인 전자와 양전자가 어긋나게 되며 진공이 휘게 된다. 이것을 '진공분극'이라 한다.

'전자'의 존재로 인해 진공이 분극 되었다. 그런데 이번에는 그 진공분극이 '전자'에 반작용을 끼친다. 만일, '전자' 주변에 가상적인 광자의 구름이나 전자, 양전자쌍이 없다고 하면, '전자'의 전하는 주변으로부터 아무런 영향도 받지 않는다. 종종 언급했듯이, 전자는 크기가 없는 점상입자이다. 그러므로 전자의 전하는 전자가 존재하는 장소로 집중한다. 전자가 만드는 전장이 거리의 제고에 반비례 하는 것은 이러한 점전하의 경우이다. 이것은 고전 전자기학에서 배우는 '쿨롱의 법칙*'이다.

---

* 쿨롱의 법칙은 두 전하(예를 들면, 플러스와 마이너스)에 작용하는 힘이 거리의 제곱에 반비례하며 약해진다는 실험적 결과의 법칙이다. 전기장 중에 놓인 전하는 전기장으로부터 힘을 받는다. 그러므로 쿨롱의 법칙을 '전자가 만드는 전기장(거리의 제곱에 반비례해 약해진다)이 거기에 놓인 플러스 전하에 힘을 미친다'고 생각해도 된다.

이렇게 진공분극의 영향을 받지 않을 때의 전하를 '나체(벗은) 전하'라 한다.

진공분극이 있으면 한 점에 집중했을 전하가 퍼져나간다. 우선, '전자' 부근에는 가상 양전자가 끌려오므로 원래의 전하가 그만큼 소멸되어 약해진다. 한편, 밀쳐낸 가상 전자로 인해 중심에서 떨어진 장소에 마이너스 전하가 퍼져나간 것이 된다. 이렇게 되면, 전자 부근에서는 쿨롱의 '역제곱 법칙'은 성립되지 않게 된다. 이 점에 대해서는 다음 절에서 자세히 설명하겠다.

우리가 관측하는 것은 이러한 진공분극의 영향을 받은 후에 퍼져나간 전하이다. 이것을 '유효전하'라 부르기로 한다.

8. 진공과 재규격화 이론

자유전자의 중심에는 어느 정도나 되는 양의 '나체 전하'가 있는 것일까? 또 우리는 전자의 전하(유효전하)를 어떤 상황으로 측정하고 있는 것일까?

원자는 그 원자에 들어 있는 고유한 빛(X선)을 발생시킨다. 원자 주위를 돌고 있는 전자가 고에너지 상태로부터 저에너지 상태로 옮아갈 때, 여분의 에너지를 빛으로 방출하기 때문이다. 이 빛의 진동수는 원자핵과 전자 간에 작용하는 쿨롱의 강도와 관계가 있다. 따라서 빛의 진동수를 측정하면 전자의 유효전하를 알 수가 있다.

이때, 전자는 원자핵으로부터 10^{-8}㎝ 정도 떨어져 있다. 이 거리는 전하의 넓이에 비하면 충분히 길다. 따라서 이렇게 해서 얻은 원자의 광스펙트럼에서 추정된 전자의 전하는 진공분극의 영향을 받은 유효전하라고 생각해도 된다. 바꿔 말하면 나체 전하 따위는 물리적으로 측정불가능한 양인 것이다.

한편, 진공분극으로 인해 전하가 감소하는 영향을 이론적으로 계산해 보면 무한대가 된다. 진공에서 가상 전자, 양전자쌍이 생겼다 해도 그것은 에너지 보존 법칙은 채우지 못한다. 가상 전자, 양전자는 어떠한 에너지 값도 취할 수 있다. 즉, 에너지가 다른 무한하게 많은 가상 전자, 양전자쌍이 생기게 된다. 이것이 양자역학적인 계산에서 무한대를 생성시키는 원인이 되는 것이다.

거기서 만일, 전자의 나체 전하가 무한대라고 가정한다면, 그것은 분극의 효과—이것도 무한대가 된다—와 서로 상반되는 것이 아닐까? 어쨌든 나체의 전하는 관측에 걸리지 않는다. 그것이 무한대 값을 갖는다 해도 상관없을 것이다. 그렇다면, 분극에서 나오는 무한대라는 무의미한 양을 제거하기 위한 계산도 가능하게 될 것이다. 토모나가 신이치로(朝永振一郎)는 그렇게 생각하여 계산해 보니, 유한한 전하를 이끌어 낼 수가 있었다. 그것은 실험에서 얻은 '유효전하'와도 딱 일치했다. 이 방법은 다수의 가상적인 광자와 전자 양전자쌍이 생성, 소멸이라는 복잡한 과정을 '유효전하'로써 교묘하게 묶어버렸기 때문에 '재규격화 이론'이라 한다. 토모나가가 만든 '재규격화 이론'은 전자기력을 계산하는 데 있어서 아주 신뢰할 수 있는 처방을 부여했다. 일례로써 이 이론으로 계산한 전자의 이상자기(異常磁氣) 모멘트의 실험치와 이론치를 비교해 보자.

실험치 : 0.001159652200

이론치 : 0.001159652460

이렇게 양쪽은 놀랄 정도로 일치함을 보여준다. 또한, 수소원자에서 발생하는 광스펙트럼은 진공분극의 영향으로 조금밖에 어긋나지 않는다. '재규격화 이론'은 이 어긋남도 정밀하게 재현한다.

이렇게 해서 '재규격화 이론'을 통해 높은 정밀도를 가지고 전자기상호작용에 관계되는 제량(諸量)을 산출할 수가 있게 되었다. 동시에 '재규격화'의 방법은 전자기력 이외의 힘—강한 힘, 약한 힘—을 해명하는 데도 중심적인 역할을 하고 있다.

9. 전하가 변한다

여기에 전자 하나가 있다고 하자. 앞에서 얘기했듯이, 그 전자의 주변에 있는 '정상진공'은 분극이 되어 있으며, 가상 전자와 가상 양전자가 그 위치를 떠나 분포되어 있다. 즉, 전자 부근에는 가상 전자, 양전자쌍 중의 가상 양전자가 끌려오며, 그 바깥쪽으로 가상 전자가 멀어져 간다. 그 모습을 〈그림 6-5〉로 나타냈다. 진공분극으로 발생한 이러한 가상적인 양전자와 전자의 구름 중에는 그 위치에 따라 구름의 영향이 달라진다. 바꿔 말하면, 위치에 따라 전하의 크기가 값을 바꾸는 것이다. 그 이유를 생각해 보기 위해 다음과 같은 사고실험을 해 본다.

우선, 전자기력의 강도를 측정하기 위해 플러스 전하를 갖는 시험*전하를 놓아본다. 그 시험전하의 장소를 바꾸면서 힘이 어떻게 변화되는가를 보자. 두 개의 점전하에 작용하는 힘은 두 전하의 곱에 비례하며, 그 거리의 제곱에 반비례 한다. 이것이 '쿨롱의 법칙'이다. 물론, 여기서 말하는 '전하'란, 진공분극의 영향을 재규격화한 다음의 '유효전하'를 가리킨다.

전절에서 설명했듯이, 중심에 있는 '나체 전하'는 무한하게 커다란 마이너스 전기량을 갖는다. 또한, 그 주변의 가상 전자, 양전자쌍의 구름의 영향도 무한하게 크다. 무한하게 커다란 것끼리를 뺄셈으로 계산해서(우리가 관측하는) 유한한 크기를 갖는 현실적인 전하를 만든다. 이것이 '유효전하'인 것이다.

그러면 그림을 보면서 시험전하를 중심에 있는 나체 전하로 접근시켜 가보자. 마이너스 전하(가상 전하)는 바깥쪽으로 멀어져가며, 그만큼 넓은 공간으로 흩어지므로 밀도가 작아지며 그 영향도 플러스 전하(가상 양전자)에 비해 약해진다.

우선, 시험전하를 10^{-8}㎝ 되는 장소에 놓아보자. 그러면 그 시험전하에는 주위에 있는 가상 양전자, 가상 전자 및 중심에 있는 나체 전하에 힘을 미친다. 그런데 앞에서 다루었듯이, 주위에 있는 가상 전자의 밀도는 작아지므로 시험전하는 주로 그보다 안쪽에 있는 가상 전자와 나체 전하로부터 힘을 받는다. 나체 전하가 갖는 무한대의 마이너스 전하를 주위의 플러스 전하(가상 양전자)가 차단하고 있다. 시험전하는 그 차이를 '유효전하'로 느끼는 것이다.

그러면 그 위에서 조금 더 중심 쪽으로 시험전하를 움직여

---

* 전하를 놓으면, 그 전하로 인해 진공분극의 모습이 변해 버린다. 여기서는 그러한 일이 없는 이상적인 전하를 시험전하라 하여 구별했다.

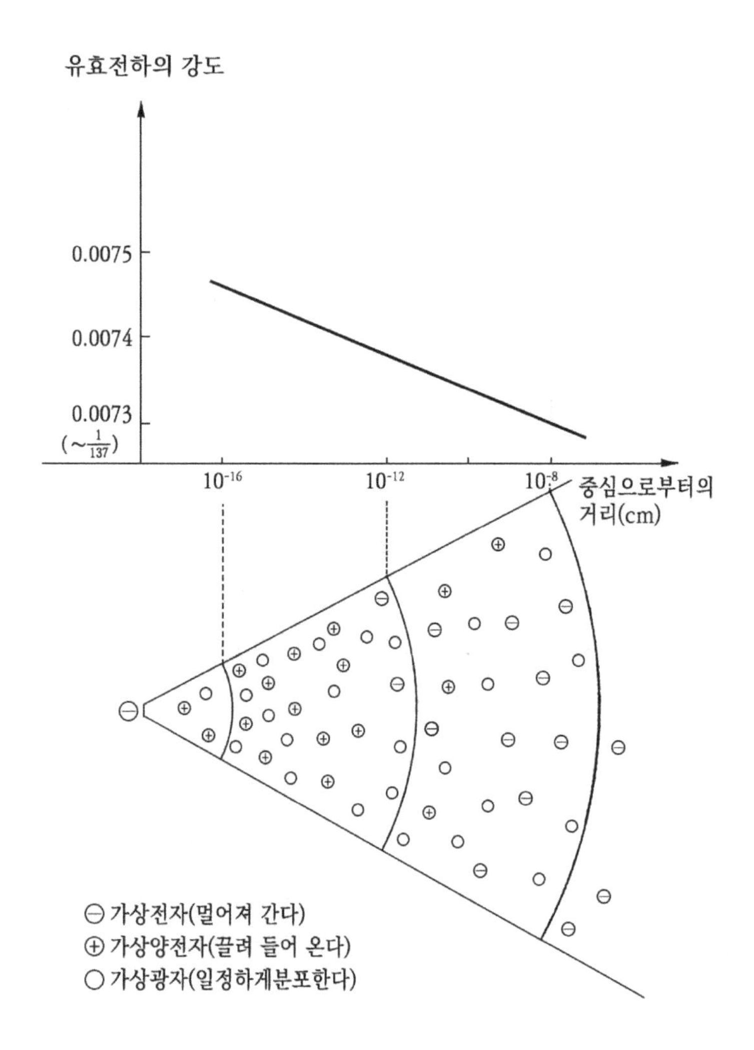

〈그림 6-5〉 가상적인 전자, 반전자쌍 구름의 속. 전자기력은 중심 가까이에서 강해진다

보자. 예를 들면, 10^{-16}㎝되는 곳으로 가지고 온다. 그러면 시험전하와 나체 전하 사이에 있는 가상 양전자의 수가 감소하므로 그만큼 차단 효과가 약해진다. 그러므로 시험전하가 느끼는 마이너스(나체) 전하는 앞이 위치(10^{-8}㎝)에서의 값보다 커지게 된다. 이렇게 하여 점점 더 중심(나체 전하의 위치)으로 접근해 감에 따라 '유효전하'의 크기에 비례하므로, 전자기력의 강도는 중심 쪽으로 접근함에 따라 강해진다는 것이다. 그 모습을 그린 것이 〈그림 6-5〉이다.

본 장을 마치면서 이제까지 설명해 온 '양자역학적 진공'의 성질을 정리해 보자.

(1) 진공이란, 마이너스 에너지의 전자가 충만 되어 있는 바다이다. 이 전자는 마이너스 에너지를 가지고 있으므로 관측에 걸리지 않는다. 진공은 그 이외의 상태에 비해 에너지가 제일 낮다.

(2) 진공 중에 있는 마이너스 에너지의 전자에 빛이 충분한 에너지로 쏘이면 전자가 튀어나온다. 이 전자는 플러스 에너지를 가지므로 관측할 수 있다. 그 뒤에 남은 구멍은 플러스 에너지를 갖는 반입자인 '양전자'이며, 그것도 관측할 수 있다.

(3) 진공 중에서는 '불확정성 원리'로 인해, 극히 짧은 시간에만 에너지 보존 법칙을 파괴할 수 있는 가상 전자, 양전자쌍이 생성, 소멸을 반복하고 있다.

(4) 진공 중에 전하를 놓아두면 진공은 분극을 일으킨다. 분극으로 인해 전하에 넓이가 생긴다. 그 때문에 '유효전하'의 크기가 중심의 전하로 접근함에 따라 커지게 된다.

7장

이상진공과 힘의 통일

1. 소립자의 보고(寶庫)

소립자에는 전자기력, 강한 힘(강력), 약한 힘(약력)이 작용한다는 것을 '5-12. 좀 더 상호작용을'에서 설명했다. 이제까지 진공의 성질을 논의함에 있어서 전자(양전자)를 고려해 왔다. '4-6. 소립자의 종류'에서 얘기했듯이 전자는 경입자(렙톤)족에 속한다. 지금까지 전자에 대해 알려진 것은 디랙이 상대론적인 운동방정식 중에서 처음으로 진공을 '마이너스 에너지 전자의 바다'라고 규정한 것부터이다.

그렇다면, 진공 중에 충만해 있는 것은 전자뿐일까? 경입자 중에는 전자 이외에도 뮤(μ) 입자, 타우(τ) 입자를 비롯해 전하를 갖지 않은 뉴트리노가 있다. 전자 대신 이들 경입자가 진공의 바닷속에 들어 있어서는 안 되는 것일까? 또, 경입자에서 강입자로 대상을 넓혀보면 어떨까? 즉, 쿼크를 진공 속으로 집어넣어 보는 것이다.

전자만을 특별 취급할 이유는 없다. 역사적으로 볼 때 이론 속에서 전자가 최초로 등장했지만, 지금까지 전자 이외에도 많은 소립자가 발견되었다. 사실, 진공에는 이러한 모든 소립자를 내포할 만한 성질을 가지고 있다. 전자도 뉴트리노도 쿼크도 우리가 알고 있는 거의 모든 소립자를 내포할 만한 성질을 가지고 있다. 전자도 뉴트리노도 쿼크도 우리가 알고 있는 거의 모든 소립자는 모두 마이너스 에너지의 바다—양자역학적인 진공—속에 충만 되어 있는 것이다. 뿐만 아니라, 장래에 발견되리라 생각되는 모든 소립자가 거기에 들어 있다.

즉, 진공이란 '소립자의 보고'이며 '자연 그 자체'라 할 수 있다.

충분한 에너지를 주면 전자의 바다에서 전자가 튀어나오는데, 사실상 에너지가 부족해도 어떤 소립자를 막론하고 극히 짧은 시간 내에는 마이너스 에너지 상태에서 플러스 에너지 상태로 옮길 수가 있다. 그리고 그 후에 입자가 빠져나간 곳에는 구멍이 남게 된다. 즉, 진공 중에서는 입자와 반입자—모두 플러스 에너지를 갖는다—의 쌍이 생성과 소멸을 반복한다.

예로 쿼크를 생각해 보자. 쿼크는 양성자 전하의 3분의 2배라든가, 마이너스의 3분의 1배 되는 전하를 갖는다. 그러므로 전자와 마찬가지로 반드시 전자기력이 작용한다. 또한, 앞에서 언급했듯이 쿼크에는 강한 힘, 약한 힘도 작용한다. 진공 중에 전자와 양전자 쌍이 생기는 것은 전자기력이 작용했기 때문이다. 그렇다면 쿼크에도—그것이 전하를 가지므로—전자기력이 작용해 마이너스 쿼크의 구멍이 '반쿼크'이다. 이렇게 해서 전자와 양전자 쌍과 같은 기구(機構)를 가지고 진공 중에서는 쿼크와 반쿼크 쌍이 생성과 소멸을 계속 반복하게 된다.

전자기력 이외에 강한 힘과 약한 힘으로 인해서도 쿼크와 반쿼크가 생성과 소멸을 한다. 그러면 힘에 차이가 생긴다면 쿼크의 생성과 소멸 과정에 어떠한 특징이 나타나게 될까? 진공은 진공에 작용하는 세 가지 힘으로 인해 그 모습이 어떻게 변하는 것일까? 이것을 생각하기 전에 쿼크에 작용하는 세 가지 힘에 대해서 자세히 알아보자.

2. 힘은 운반된다

오늘날에는 '물질의 궁극적인 요소는 쿼크와 경입자'라고 인식되고 있다. 여기서 이들의 기본 입자에 작용하는 힘의 원인을 생각해 보자.

우선, 전자기력은 쿼크, 경입자를 막론하고 전하를 갖는 모든 입자에 작용한다. 전하 주위에는 전자기장이 발생한다. 5장 8절에서 얘기했듯이, 이 전자기장은 빛의 속도로 전파된다. 두 개의 하전 입자—예를 들면 양성자와 전자—간에 전자기장이 전달됨으로써 전자기력이 발생하는 것이다. 전자기장은 빛 그 자체이다. 가시광선, X선, 감마선 등은 모두 전자기장이며, 그 진동수(에너지)에 따라 부르는 명칭이 다른 것에 불과하다.

빛을 입자적인 입장에서 보았을 때, 이것을 '광자(Photon)'라 한다. '두 하전 입자 간에 빛이 전파됨으로써 전자기력이 발생한다'는 것은 '전자기력은 광자라는 양자(量子)를 교환함으로써 전파된다'고 해도 좋다. 전하를 가진 경입자(전자, 뮤 입자, 타우 입자)와 쿼크(업, 다운, 스트레인지 등)에는 모두 전자기력이 작용한다. 전하가 없는 경입자(전자 뉴트리노, 뮤 뉴트리노, 타우 뉴트리노)는 전자기 상호작용을 하지 않는다.

다음으로 강한 힘을 생각해 보자. 강한 힘은 쿼크에는 작용하지만 경입자에는 작용하지 않는다. 즉, 쿼크와 경입자는 강한 힘이 작용하느냐 그렇지 않느냐에 따라 구별되는 것이다. 쿼크 주변에는 전자기장과 함께 '강한 힘의 장'이 생긴다. 전자나 양성자와 같은 하전 입자가 전자기장을 발생시켰듯이, 쿼크는 '강한 힘의 장'의 원천이다. 이 '강한 힘의 장'이 강한 힘을 전한

〈표 7-1〉 쿼크와 경입자에 작용하는 힘의 종류

		전자기력	강력	약력
쿼크	업, 다운, 스트레인지 등	O	O	O
경입자	전자, 뮤, 타우 뉴트리노	O		O
	전자, 뮤, 타우 뉴트리노			O

다. 그러면 강한 힘의 장이란 무엇인가? 전자기력을 '광자 교환'으로 생각했던 것과 마찬가지로 강한 힘을 전달하는 어떤 입자가 있는 것일까?

쿼크 간에 교환되는 양자를 '글루온(Gluon, 교착자)'라 한다. 글루온은 빛과 마찬가지로 질량 제로인 기본 입자이다. 글루온이 교환됨으로써 발생하는 강력한 힘은 전자기력보다 100배 강하다. 그러나 힘의 도달거리는 전자기력이 원자의 넓이—궤도전자의 넓이(10^{-8}㎝)—정도인 것에 비해, 강한 힘의 도달거리는 강입자(양성자, 중성자 등)의 넓이(10^{-13}㎝) 밖에 안 된다. 이것은 전자기력 작용영역의 10만분의 1 수준이다.

쿼크는 전하 외에 적(赤), 녹(綠), 청(靑)이라는 빛의 삼원색에 대응하는 색을 갖는다. 전자나 양성자의 전기량을 '전하'라 했듯이, 쿼크의 삼색을 '색하(色荷)'라 하자. 반입자(예를 들면 양전자)는 입자(예를 들면 전자)와는 반대의 전하를 가진다. 쿼크의 색하도 마찬가지로 쿼크와 반쿼크는 서로 반대가 된다.

업 쿼크, 다운 쿼크, 스트레인지 쿼크 등 모든 쿼크는 세 가지 색하—赤, 靑, 綠—중의 하나를 취한다. 그리고 반쿼크(반업,

반다운, 반스트레인지 등)의 색하는 반적, 반청, 반녹이 된다. 즉, 하나의 쿼크(반쿼크)는 색하가 다른 세 가지 상태를 취할 수가 있는 것이다. 업 쿼크당 쿼크와 반쿼크의 대응을 정리해 보면 다음과 같다.

업 쿼크 (적) ⇔ 반업 쿼크 (반적=적의 보색)

업 쿼크 (청) ⇔ 반업 쿼크 (반청=청의 보색)

업 쿼크 (녹) ⇔ 반업 쿼크 (반녹=녹의 보색)

이러한 관계는 다른 모든 쿼크(다운, 스트레인지, 참, 보텀, 톱)에게도 성립된다(부록 〈표 3〉 참조).

쿼크의 색은 어떻게 해서 변할까? 쿼크(반쿼크) 간에는 글루온(교착자)이 교환된다. 이 글루온이 쿼크로부터 방출되거나 쿼크에 흡수될 때에 쿼크의 색이 변하는 것이다.

예를 들면, 글루온을 방출할 때의 모습을 보기로 하자. 방출 전, 쿼크의 색이 빨강(적)인데 글루온을 방출한 뒤 쿼크의 색이 파랑(청)으로 변했다고 하자. 그런데 '글루온을 방출하기 전과 후에 색하의 총합계는 변하지 않는다'는 법칙이 있다. 이것을 '색하의 보존'이라 한다. 글루온 방출 후 색하의 총합계는 쿼크의 색하(청)와 방출 글루온 색하의 합이 된다. 그것이 방출 전 쿼크의 색하인 적과 같아지기 위해서는 글루온의 색이 반청과 적의 혼합색이어야 한다. 즉, 쿼크와 글루온의 색하는 청과 반청과 적의 혼합색이 되며, 청과 반청이 상쇄되므로 적만이 남는 것이다. 이것은 방출 전에 쿼크가 가지고 있던 색하(적)와 같은 것이다.

여기에서 중요한 것은 글루온이 색하를 갖는다는 점이다. 글

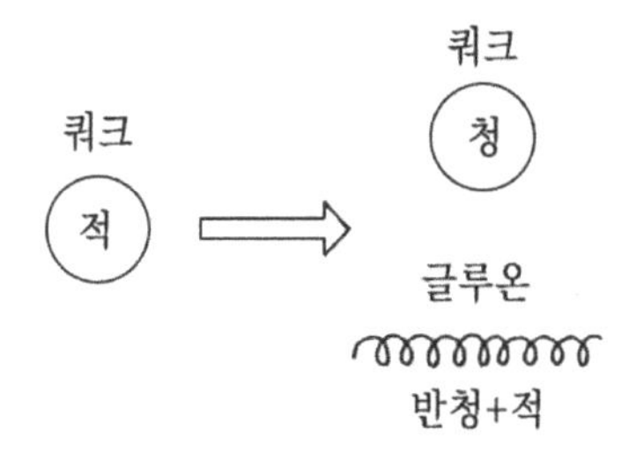

〈그림 7-2〉 색하의 보존

루온의 색하는 두 가지 색을 섞은 것이 된다—여기에서의 예로는 반청과 적, 각각의 색하는 적, 청, 녹(반적, 반청, 반녹)과 같이 세 종류가 가능하므로 글루온의 색하는 3×3=9가지가 예상된다. 그러나 이 중 한 가지는 백색이 되기 때문에 결국 글루온은 8종류의 색하를 갖는 것이다.

전자기력은 전하를 가진 입자(경입자와 쿼크) 간에 광자를 교환함으로써 전달된다. 이에 반해, 강한 힘의 전달은 색하를 지닌 입자(쿼크) 간의 글루온 교환으로 이해할 수 있다. 여기서 주의할 점은 광자 자신은 전하가 제로인 중성입자이지만, 글루온은 8종류의 색하를 갖는다는 것이다. 이 점이 강한 힘을 이해하는 데 중요한 포인트가 된다.

3. 약중간자의 등장

그러면 마지막으로 약한 힘에 대해 알아보기로 하자. 약한 힘은 〈표 7-1〉에서도 알 수 있듯이 쿼크와 경입자에 작용한다.

이 중 뉴트리노(전자 뉴트리노, 뮤 뉴트리노, 타우 뉴트리노와 그들의 반입자)는 전하를 갖지 않으므로 상호작용을 약하게 한다.

쿼크나 경입자 주위에는 '약한 힘의 장'이 생긴다. 이 장이 전달되어 약한 힘이 전파됨은 전자기력이나 강한 힘의 경우와 똑같다. 여기서 문제는 약한 힘을 전하는 입자는 무엇인가 하는 점이다. 전자기력을 전하는 '광자', 강한 힘을 전하는 '글루온(교착자)'에 해당하는 약한 힘을 전하는 양자가 있는 것은 아닐까? 만일, 그러한 양자가 있다면 세 가지 힘을 입자 교환이라는 통일적인 사고방식으로 이해할 수가 있게 된다.

이 이론은 일찍이 '약중간자(위크보손, Weak Boson)'를 예언했다. 그리고 1983년 봄에 세른의 대형 가속기('4-4. 양성자 싱크로트론' 참조)로 약중간자를 발견했으며, 약한 상호작용을 통해 이루어지는 입자 교환에 기초를 둔 이론에 강력한 지지를 부여했다. 약중간자는 전하를 갖는 것(W^+와 W^-), 중성의 것(Z^0) 세 종류가 있다. W와 Z의 어깨에 붙어있는 첨자는 그 입자가 갖는 전하의 부호를 나타낸다.

이론에서도 예상되는 바, 약중간자의 질량은 양성자의 90배나 된다. '6-1. 진공으로부터 입자가 튀어나옴'에서 얘기했듯이 질량과 에너지는 동등하다. 그러므로 이렇게 질량이 큰 입자를 만들기 위해서는 에너지가 높은 가속기가 필요해진다. 세른에서의 주위 6㎞나 되는 양성자 싱크로트론을 이용하여 양성자와 반양성자를 정면충돌시켰다. 그때 나온 막대한 에너지에서 약중간자가 나온 것이다.

일반적으로, 교환되는 입자가 무거워지면 힘의 도달거리는 짧아진다. 그러므로 약한 힘이 작용하는 범위는 전자기력(10^{-8}

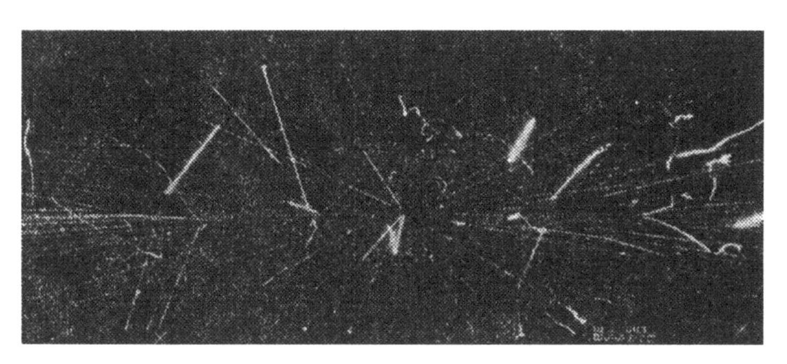

〈사진 7-3〉 왼쪽과 오른쪽으로부터 높은 에너지의 양성자와 반양성자가 입사하여 중심에서 충돌하면 다수의 소립자가 발생한다. 이러한 충돌 현상을 조사하여 약중간자를 검출한다(제공: CERN)

㎝)이나 강한 힘(10^{-13}㎝)에 비하면 훨씬 짧으며 그것은 10^{-16}㎝이다. 이것은 강한 힘의 작용 범위의 1,000분의 1영역이다. 또한, 약한 힘의 강도는 강한 힘의 10만분의 1, 전자기력의 1,000분의 1로 문자 그대로 매우 약한 힘이다.

전자기력이 전하를 갖는 입자(하전 경입자와 쿼크)에, 강한 힘은 색하를 갖는 쿼크에 작용함은 이미 얘기했다. 바꿔 말하면 전자기력을 전달하는 '광자'가 입자의 전하에 강한 힘을 전달하는 '글루온'은 입자의 색하에 작용한다는 것이다. 전하라든가 색하는 경입자나 쿼크가 갖는 속성이다. 이를 합쳐서 일반적으로 '하량(荷量)'이라 한다. 입자가 갖는 하량의 종류에 따라 작용하는 힘이 달라진다.

그러면 약한 힘을 전하는 입자 '약중간자(W^+, W^-, Z^0)'는 입자의 어떤 '하량'에 작용하는 것일까? 약한 힘은 경입자에도 쿼크에도 작용한다. 그러므로 '약중간자'가 작용하는 하량이란 경입자에도 쿼크에도 공통된다. 그것이 바로 '약하'라는 것이다.

〈표 7-4〉 세 종류의 상호작용과 그것에 관계된 게이지 입자

종류	힘의 크기	작용 거리 (㎝)	게이지 입자 (종류)	하량 (종류)
강한 상호작용	1	10^{-13}	글루온(8)	색하(3)
전자기 상호작용	10^{-2}	10^{-8}	광자(1)	전하(1)
약한 상호작용	10^{-5}	10^{-16}	약중간자(3)	약하(2)

약하는 2종류가 있다. 이것을 임시로 '상', '하'라고 해 두자(부록 〈표 2〉 참조). 쿼크의 '색하'가 글루온의 방출과 흡수로 인해 변화되었듯이, 쿼크나 경입자의 '약하'도 또한 약중간자—플러스(W^+), 마이너스(W^-), 중성(Z^0) 세 종류—의 방출과 흡수로 인해 변한다. 그 변화는 상-상, 하-하, 상-하, 하-상과 같이 네 가지가 있으며, 그게 대응하여 약중간자도 네 종류가 있을 것으로 생각될지도 모른다. 그러나 글루온의 색이 9종류(3×3=0)에서 8종류가 되었듯이 약중간자의 종류도 하나 줄어서 3종류가 된다. 이것이 세 개의 약중간자이다(부록 〈표 2〉 참조).

이상에서 얘기한 대로 세 힘을 전달하는 세 가지 입자—광자, 글루온, 양중간자—가 모두 나왔다. 이들 입자를 '게이지(Gauge) 입자'라 한다. 왜 그렇게 부르는가 하는 이유는 '7-7. 게이지장이란'에서 얘기하겠다.

반복해서 얘기하면, 세 가지 게이지 입자가 작용하는 하량은 광자에 대해서는 '전하', 글루온에 대해서는 '색하', 그리고 약중간자에 대해서는 '약하'이다.

전하에는 플러스와 마이너스가 있는데, 그들은 입자와 반입

자의 교체로써 자동으로 결정된다. 예를 들면, 전자의 마이너스 전하는 전자를 반입자(양전자)로 만들면 플러스가 된다. 즉, 입자 혹은 반입자 어느 한쪽만을 생각하면 전하는 한 종류가 된다. 마찬가지로 색하나 약하에 대해서도 입자 혹은 반입자 한 쪽만을 고려하여 각기 세 종류(적, 청, 녹), 두 종류(상과 하)로 본다(약하는 '상'과 '반상', '하'와 '반하'를 각각 한 종류로 본다).

〈표 7-4〉에서 세 가지 상호작용별 강도의 척도, 힘의 도달거리, 힘을 전하는 게이지 입자, 게이지 입자가 작용하는 하량을 정리해 두었다.

4. 쿼크가 충만한 진공

다시 한 번 얘기를 마이너스 에너지 상태에 쿼크가 들어차 있는 진공으로 돌리자. 우선, 10^{-8}㎝ 되는 거리를 문제 삼는다.

앞에서도 얘기했듯이, 불확정성 관계로 인해 극히 짧은 시간에 진공 중에는 가상적인 쿼크와 반쿼크 쌍이 만들어진다. 이것은 쿼크(반쿼크)의 전하에 전자기력이 작용한 결과로 이해할 수 있다.

다음에, 전자기력의 작용범위(10^{-8}㎝)보다 10만분의 1정도 작은 영역(10^{-13}㎝)을 생각해 보자. 그러면 진공의 마이너스 에너지인 쿼크의 바다로부터 강한 상호작용에 의해 쿼크가 플러스 에너지 상태로 올라간다. 이것은 쿼크(반쿼크)의 색하에 강한 힘이 작용한 때문이다. 더욱이, 1,000분의 1정도 작은 영역(10^{-16}㎝)에서는 약한 힘이 영향을 받는다. 즉, 쿼크(반쿼크)의 약하가

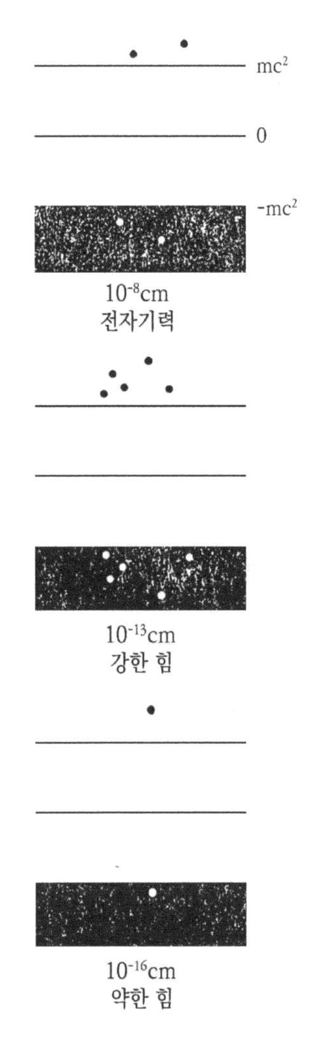

〈그림 7-5〉 진공의 마이너스 에너지 쿼크의 바다로부터 상호작용에 의해 쿼크가 플러스 에너지 상태로 뛰어든다

효과를 내는 것이다.

경입자의 경우는 어떨까? 전하를 가진 경입자(전자, 뮤 입자,

〈표 7-6〉 입자가 갖는 하량(荷量)

	전하	색하	약하
쿼크: 업 다운 스트레인지	O	O	O
하전 경입자: 전자 뮤 입자 타우 입자	O		O
중성 경입자: 전자 뉴트리노 뮤 뉴트리노 타우 뉴트리노			O

타우 입자)는 전하 이외에 약하를 가지므로 전자기력과 함께 약한 힘에 의해서도 가상적인 입자, 반입자 쌍이 생성, 소멸된다. 그러나 뉴트리노(전자 뉴트리노, 뮤 뉴트리노, 타우 뉴트리노)는 약하밖에 갖고 있지 않으므로 약한 힘에 의해서만 뉴트리노, 반뉴트리노쌍이 발생, 소멸하게 된다.

이상으로 보아 왔듯이 우리가 어디까지 진공의 미세한 영역을 문제 삼느냐에 따라 세 가지 힘의 영향이 바뀌어 간다. 이것을 정리해 보면 다음 표와 같다.

여기서 힘의 강도와 쌍 발생 관계에 대해 다루기로 하자. 힘은 강한 힘, 전자기력, 약한 힘 순으로 약해진다. 진공 중에 있는 마이너스 에너지 입자가 플러스 에너지 상태로 밀려나는 빈도는 힘이 강할수록 커진다. 그러므로 진공 중에 생기는 가상적인 입자, 반입자 쌍의 수는 강한 힘, 전자기력, 약한 힘 순으로 감소한다(〈그림 7-5〉에 나타난 개수는 사실상 의미가 없다).

'6-7. 휘어진 진공'에서 우리는 '진공의 힘-진공분극'에 대해서 얘기했다. 이것은 진공 중에 전하를 집어넣었을 때, 진공 중에 생긴 가상 입자와 가상 반입자의 위치의 '어긋남'이 발생한다는 것이었다. 이 원인은 집어넣은 전하와 가상 입자(반입자)의 전하 간에 광자가 교환되어 전자기력이 작용했기 때문이다.

다음에는 진공 중에 색하를 놓아보자. 쿼크는 색하를 가지고 있으므로 색하를 놓는다는 것은 실제로 진공 중에 쿼크를 놓는 것을 의미한다. 쿼크는 색하 이외에 전하와 약하를 갖지만 여기서는 색하에만 주목해 얘기를 진행하기로 한다.

진공 중에 색하를 놓으면 그것은 가상적인 쿼크, 반쿼크 쌍에 강한 힘을 미쳐 색하를 휘게(분극) 한다. 색하가 분극하는 모습은 뒤에서 자세히 설명하겠다. 마찬가지로 쿼크의 약하에 주목을 하면, 약한 힘이 약하를 휘게(분극) 한다.

이렇게 진공은 거기에 놓인 물질—여기서는 쿼크—과 그에 작용하는 세 가지 힘을 통해 각기 성질을 달리하여 진공을 휘게(분극)—전하, 색하, 약하의 진공분극—할 수 있는 것이다.

진공의 정상적인 상태에 대해서는 이쯤 하고 다음 절에서 진공의 다른 성질을 다루기로 하자. 입자와 반입자 간에 작용하는 힘이 어느 정도 강해져 입자와 반입자가 서로 결합하게 되면 이제부터 얘기할 재미있는 진공의 '상(相)'이 나오기 시작한다.

5. 주변에서 일어나는 상전이(相轉移)

물이 수증기가 되거나 얼음이 되는 것을 '상전이'라 한다. 갑

작스레 이런 얘기를 꺼내는 것은 진공에도 상전이가 일어나기 때문이다. 진공의 상전이를 생각하기 전에 우리 주변에서 일어나는 상전이에 대해 몇 가지 예를 들어보기로 하자.

수증기를 얼리면 섭씨 100℃에서 기체 상태—이것을 기상(氣相)이라 한다—로부터 액체 상태(액상)로 바뀐다. 기상에서 액상으로 상전이가 일어난 것이다. 또, 0℃가 되면 액상에서 고체 상태, 즉 고상으로 상전이가 일어나 물은 얼음이 된다.

이 상전이를 물의 분자에 착안해서 생각해 보자. 우선, 100℃ 이상에서 물의 분자는 급격하게 운동하여 기체가 된다. 이 열운동은 온도가 내려감에 따라 쇠퇴한다. 그러면 물의 분자 간에 작용하는 인력으로 인해 분자끼리 결합하여 기상에서 액상으로 상전이가 진행된다. 100℃ 이하에서는 물 분자가 서로 결합한 편이 에너지상에서 안정된—에너지가 낮은—상태가 되는 것이다. 0℃ 이하에서는 물의 열운동이 더욱 약해진다. 그러면 물 분자 간의 인력이 열운동으로 인한 반발력을 이기게 되어 물 분자가 결정(얼음)을 만든다. 그렇게 되는 편이 에너지가 낮고 안정된 상태인 것이다. 이렇게 상전이란 지금 있는 상태보다 훨씬 안정된 상태가 되도록 그 상태가 변하는 것이다.

다음에 교훈적인 예로써 초전도 현상을 보도록 하자. 나이오븀과 타이타늄과 같은 합금은 극저온(-270℃ 정도)으로 내리면 전기 저항이 제로인 '초전도' 상태가 된다. 유한한 저항을 갖는 상전도(常傳導)로부터 초전도로 상전이가 일어난 것이다.

철과 같은 금속에서는 자장이 철의 내부에 침투한다. 그러나 초전도 상태에 있는 금속에서 자장은 표면층에 아주 조금만 들어갈 뿐이다. 이것을 '마이너스 효과'라 한다. 이 이유를 생각해 보자.

일반적으로, 두 개의 전자는 같은 마이너스 전하를 가지므로 서로 반발하여 접근하려 하지 않는다. 그러나 초전도 중에는 전자가 두 개씩 결합해 쌍을 이룬다. 전자쌍을 이룬 쪽이 흩어져 있는 쪽보다 에너지가 낮고 안정되기 때문이다. 그러면 이렇게 전자쌍이 응축된 상태(초전도 상태)에다 자장을 걸어본다. 이 자장을 광자라고 간주해도 좋다. 이 광자는 초전도 물질 중의 전자쌍과 상호작용을 한다. 그러면 질량이 제로인 광자가 외견상 질량을 갖는 것처럼 된다. 광자는 상호작용을 통해 전자쌍에서 에너지를 얻어 그 에너지가 광자에 질량을 부여한다고 생각할 수 있다. 이렇게 해서 질량을 얻은 광자는 무거워져 초전도 물질 속으로 침입할 수 없게 된다. 마이너스 효과는 이렇게 생각할 수가 있는 것이다. 이 현상에는 생각할 점이 많다. 우선 첫째로, 초전도 상태로의 상전이에서는 전자쌍이 응축되어 에너지가 낮아진다는 점이다. 둘째로, 광자(자장)가 전자쌍과 상호작용했기 때문에 질량을 획득했다는 점이다.

6. 진공의 상전이

진공 중에는 짧은 시간 내에 전하, 색하, 약하를 가진 가상적인 입자와 반입자가 생성, 소멸을 반복한다. 그런데 어떤 조건에서는 진공 중의 입자, 반입자쌍이 소멸되지 않고 영구히 쌍인 채로 계속 존재하는 경우가 있다. 초전도의 경우와 마찬가지로 쌍을 이룬 쪽이 안정된 것이다.

입자와 반입자가 충분하게 강한 인력으로 결합하여 진공 중에 응축쌍을 만들려고 한다. 그러면 응축쌍은 인력으로 소비한 분량만큼 에너지가 낮아져 안정을 찾게 된다. 쌍을 이룬 쪽이 안정되면 쌍은 계속 발생하게 되며 마침내는 공간이 입자, 반입자, 응축쌍으로 모두 채워지게 된다. 이렇게 해서 지금까지와는 전혀 다른 진공이 생긴다. 진공의 상전이가 발생한 것이다. 여기서 만들어진 진공은 이제까지 얘기한 '정상진공'과는 전혀 다른 소위 '이상(異常)진공'이라고 부른다.

우리 주변에 존재하는 진공은 실제로 이러한 '이상진공'으로 되어 있다. '이상진공'은 결코 이상(異常)한 것은 아니지만 이야기 형편상 '정상진공'과 '이상진공'으로 나누어 생각하기로 한다.

이러한 '이상진공'은 전기적으로는 항상 중성이다. 가상적인 전자, 양전자쌍과 같이 쌍의 전하는 항상 0이 되기 때문이다. '7-2. 힘은 운반된다'에서 얘기했듯이, 빛은 전하에 작용하여 전하 간에 전자기력을 전달한다. 여기서 발생한 이상진공 중의 입자, 반입자쌍은 전하를 갖지 않으므로 그 응축쌍에 빛이 작용하는 일은 없다. 그러므로 우리 주변에 존재하는 빛은 질량이 제로인 것이다.

그러면 색하를 갖는 이상진공은 있는 것일까? 진공 중에 쿼크와 반쿼크의 응축쌍이 생겼을 때, 그 색하는 적과 반적, 청과 반청, 녹과 반녹하는 식으로 항상 무색이 된다. 즉, 응축쌍은 색하를 갖지 않는다. 앞에서 얘기했듯이, 글루온은 쿼크의 색하에 작용하여 강한 힘을 전달한다. 여기서 문제 삼고 있는 쿼크, 반쿼크 응축쌍은 색하가 0이기 때문에 글루온이 그것과 상호작용하는 것은 불가능하다. 따라서 글루온은 진공중의 응축쌍으로부터 에너지를 얻을 수가 없으며 질량이 제로인 채로 우리의 세계에 남아있는 것이다.

응축쌍은 전하를 가질 수 있을까? 해답을 먼저 말하자면 'Yes'다. '7-3. 약중간자의 등장'에서도 얘기했듯이, 약한 상호작용의 특징은 상호작용 영역이 매우 좁은 점이다. 이는 약한 힘의 도달거리가 짧다는 얘기가 된다. 한편, 힘의 도달거리와 힘을 전달하는 입자—여기서는 약중간자—의 질량은 서로 반비례 관계에 있는 점을 이론적으로 알았다. 즉, 힘의 도달거리 10^{-16} ㎝는 강한 힘이나 전자기력의 도달거리(각각 10^{-13}, 10^{-8}㎝)에 비해서 월등히 짧다. 따라서 약중간자의 질량은 매우 무겁다는 것을 예상할 수가 있다. 사실, 최근 세른에서 발견한 하전 약중간자와 중성 약중간자의 질량은 양성자 질량의 100배나 된다.

약중간자만은 광자나 글루온과는 달리 무거운 질량을 가지고 있다. 약중간자가 질량을 갖는 원인을 이상진공의 성질에서 구하면 다음과 같이 된다. '이상진공 중에 나타나는 경입자나 쿼크의 응축쌍이 약하를 가지며, 약중간자는 그 약하와 상호작용한 결과 질량을 획득했다'

이상진공은 '전하'도 '색하'도 모두 제로이지만 '약하'는 갖는다—이러한 관점으로부터 오늘날의 소립자이론이 만들어진 것이다.

7. 게이지장이란

전기와 자기의 현상은 맥스웰 방정식에서 아주 정확하게 기술되어 있다. 전기장이나 자기장으로 쓰인 이 방정식은 '상대성 이론의 요청' 및 '게이지 변환에 대한 불변성'을 채우고 있으므로, 좀 더 진보된 이론을 만들기 위한 출발점이 되기도 한다. 특히, '게이지 불변성'에서 다음과 같은 중요한 결과가 나온다.

(1) 전하는 어떤 과정을 거치더라도 보존되며 줄어들거나 늘어나지 않는다.

(2) 광자의 질량은 제로이어야 한다(광자의 질량이 제로라는 것은 그 속도가 광속으로 전달됨을 의미한다).

모든 측정 결과는 (1), (2)의 내용을 뒷받침하고 있다. 그러면 '게이지 불변성'이란 무엇일까? 그것을 자세히 설명하고자 하면 이 책 정도로 끝날 성질의 것이 아니므로 개념적인 해설만으로 그치고자 한다.

상대성 이론의 입장에서 보면 맥스웰 방정식은 전기장이나 자기장보다 훨씬 기본적인 물리량으로 나타낼 수가 있다. 지금 이 기본량*에다 다른 물리량을 첨가해 보자. 이 조작은 자의 척도를 바꾸는 것에 대응하므로 이를 '게이지 변환(Gauge Transformation)'이라 한다.

'게이지 변환'에 대해 원래의 방정식—예를 들면 맥스웰 방정식—이 바뀌지 않는 경우 '게이지 불변성'이 성립되었다고 한다. 전하를 가진 입자가 전기장이나 자기장과 상호작용하여 운동하는 모습은 '게이지 변환'에 의해 바뀌지 않는다. 빛의 장(전자기장)은 '게이지 불변성'을 만족시키고 있음을 나타낸다. 빛의 장과 같이 '게이지 불변성'을 만족시키는 그러한 장을 '게이지장'

* 전문적으로는 이 기본량을 '벡터 포텐셜', '스칼라 포텐셜'이라 한다.

이라 한다.

이제까지 논의해 온 '강력한 힘의 장'과 '약한 힘의 장'도 게이지장이다. 즉, 세 개의 장은 모두 다 '게이지장'이 된다. 게이지장은 쿼크 또는 렙톤 간에 작용하여 힘에 대한 정보를 전달하는 역할을 한다. '게이지 변환'이라든가, '게이지 불변성'이라는 귀에 익지 않은 말을 설명했던 것도 '게이지장'이야말로 힘의 원인을 통일적으로 해명할 수 있는 '열쇠'를 쥐고 있다고 생각했기 때문이다. 후에 다시 언급하겠지만, 오늘날 주목받고 있는 '통일이론'은 바로 게이지장의 이론(간단하게 '게이지 이론'이라 한다)인 셈이다.

8. 게이지장과 이상진공

힘과 진공을 이해한 다음에 알아두어야 할 게이지장의 중요한 성질이 하나 더 있다. '게이지 대칭성의 자발적인 파괴'라는 길고도 어마어마한 내용이다. 여기서는 우리 주변에서 볼 수 있는 자기장을 예로 들어 그 개념을 설명해 보자.

막대자석의 한쪽 끝에는 N극이 있으며, 다른 한쪽 끝에는 S극이 있다. 이것을 미시적으로 보면 작은 자석(N—S의 쌍)이 어느 한 방향으로 모두 열 지어 늘어서 있는 것이 된다(〈그림 7-7〉 참조). 자석은 특별한 방향으로 늘어서 있는—따라서 그 방향으로 자화(磁化)되고 있다—편이 안정된 상태가 되는 것이다.

이 자석을 고온으로 가열해 보자. 작은 자석의 방향은 랜덤한 열운동으로 인해 흩어져서 전체적으로는 자석이 아닌 상태

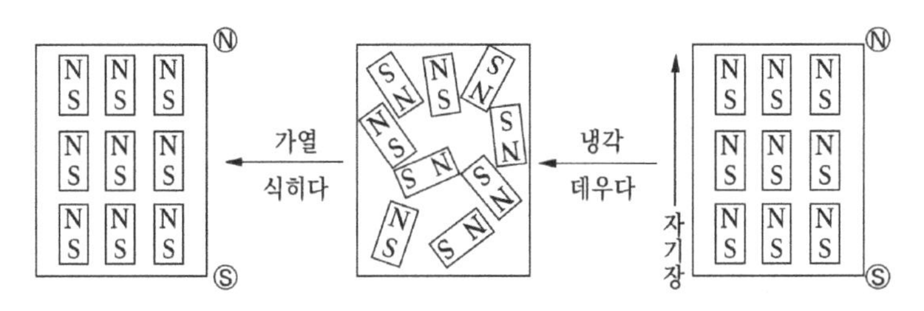

〈그림 7-7〉 자석을 미시적으로 보면 작은 자석들이 열 지어 있다. 이것을 가열하면 작은 자석들의 방향은 멋대로 되어버린다. 외부에 자기장이 있는 장소에서 이것을 냉각시키면 모든 자석은 다시 일정한 방향으로 정렬한다

가 된다. 자석 내부의 공간은 특별한 방향이 없어지고 공간적으로 대칭이 된다.

이번에는 반대로, 이 상태에서 온도를 낮추어 보자. 외부에 약한 자기장이 있을 경우, 열운동을 하고 있던 작은 자석 하나가 우연히 외부 자기장 쪽을 향하는 일이 있다. 그러면 그 작은 자석과 다른 자석 간에 평행으로 만들려는 힘이 작용하여 모든 작은 자석이 일정 방향—외부 자기장의 방향—으로 정렬한다. 이렇게 해서, 다시금 막대자석이 만들어진다. 이 자석은 외부 자기장이 제로가 되어도 그대로의 상태를 유지한다.

자석은 공간의 어느 방향이냐를 구별하지 않으며 자화는 어느 방향으로도 같은 확률로 일어난다. 즉, 공간은 완전대칭을 이룬다. 그런데 작은 자석 중의 하나가 간혹 어느 특별한 방향을 택한다면 다른 작은 자석도 모두 그 방향으로 향한다. 이렇게 자석의 방향은 어느 방향으로건 같은 확률로 향하게 되는데, 간혹 어떤 방향을 선택했을 때 이것을 '대칭성의 자발적인 파괴'라 한다.

'게이지 대칭성의 파괴'는 '게이지 불변성의 파괴'와 같으며, 그것은 실제로 빛이 질량을 가져도 좋다는 것을 의미한다. '게이지 불변성'의 요청에 따르면 모든 게이지 입자—빛, 글루온, 약중간자—의 질량은 제로가 되어야 한다. 확실히 빛과 글루온의 질량은 제로이므로 모순되지 않는다.

그런데 1983년 봄, 세른에서 양성자의 100배나 되는 질량을 갖는 약중간자가 발견되었다. 게이지 입자(약중간자)가 질량을 갖는 것이라면 '게이지 대칭성'과 서로 용납되지 않는 것이 된다. '게이지 대칭성'이라는 게이지 이론의 대전제가 무너지면 큰일이기 때문이다.

그래서 '게이지 대칭성의 자발적인 파괴'를 이용하여 모순되지 않게 게이지 입자에다 질량을 부여하는 방법을 궁리했다. 아까 자석의 예에서도 알 수 있듯이, 대칭성의 자발적인 파괴로 인해 공간 그 자체의 대칭성이 본질적으로 파괴되는 것은 아니다.

원래, 자석은 어느 방향으로도 똑같은 확률로 향할 수가 있다. 그런데 하나의 작은 자석이 간혹(우연히) 어느 방향을 택했기 때문에 공간 그 자체의 대칭성이 자발적으로 파괴되어 전체가 작은 자석의 방향으로 자화된 것이다. 그와 마찬가지로, 게이지 대칭성을 본질적으로 파괴하지 않고 파괴한 것처럼 하여 약중간자에 질량을 갖게 하는 교묘한 수법을 사용하는 것이다.

그래서 약중간자에 질량을 갖게 하기 위해서 약하를 가진 이상진공이 등장한다. 그 이상진공 중에 있는 입자, 반입자 응축쌍은 전하도 색하도 모두 제로이지만 약하를 갖는다.

그러면 왜 이상진공이 '약하'만을 갖는 것일까? 사실을 얘기하자면 이것은 현대 소립자 이론의 중심과제이며 아직 미해결

〈표 7-8〉 힘을 전달하는 입자의 질량과 이론적 요구의 관계

요구 힘을 전달하는 입자	게이지 대칭성	게이지 대칭성의 자발적 파괴
광자	질량=0	질량=0
글루온	질량=0	질량=0
약중간자	질량=0	질량=100배의 양성자 질량

된 문제이다. 여기서는 어쨌든, '자연이 그러한 불가사의한 성질을 가지고 있다'는 사실에 그치기로 하고 더 깊이 들어가지는 않겠다. 빛은 전하와 글루온은 색하와 상호작용을 한다. 그런데 이상진공은 전하도 색하도 갖지 않으므로, 빛과 글루온은 그와 상호작용하지 않으며 질량 제로인 채로 남는다. 한편, 약중간자만은 이상진공이 갖는 약하와 약하게 상호작용하여 질량을 획득하게 된다는 것이다.

이론의 요구와 힘을 전달하는 게이지 입자의 질량을 〈표 7-8〉로 정리해 놓았다.

전자기장의 양자론은 '6-8. 진공과 재규격화 이론'에서 얘기했듯이, '재규격이 가능'하였다. 그만큼 정밀하게 전자기의 이상자기능률을 설명할 수 있는 것도 이론이 '재규격화'되었기 때문이다.

약한 상호작용의 양자론도 대칭성이 본질적으로는 파괴되지 않으므로 '게이지 불변성'도 '재규격화'도 그대로 유지된다. 따라서 '게이지 대칭성'과 '재규격화'에 따르는 위력 또한 그대로

계승되는 것이다.

9. 전자기력과 약한 힘

자연계에는 중력을 포함해 네 가지 힘이 존재함을 종종 얘기했다. 그 힘은 강도도 도달거리도 전혀 다르다. 자연계가 단순한 것을 좋아한다고 하면 힘이 나타내는 이러한 복잡한 성질을 어떻게 생각하면 좋을 것인가? 그렇지 않으면, 우리는 아직 힘을 극히 표면적으로만 이해하고 힘의 본질은 알지 못하는 것일까? 대체 힘은 왜 네 종류일까? 이러한 의문이 자꾸 떠오른다.

이제까지의 논의를 통해 알았듯이 힘은 진공 중에서 나타난다. 그것은 전자기장, 글루온장, 약중간자장, 그리고 중력장과 같은 장에 의해 전달된다. 그 장은 모두 '게이지장'이라는 테두리 속에 있다. 이런 점에 주목하여 네 가지 힘을 통일적으로 파악하려는 것이 '통일이론'이다.

힘이 나타나는 환경으로서의 진공은 많은 기묘한 성질을 가지고 있다. 입자, 반입자쌍을 단시간 내에 생성, 소멸시키는 '정상진공'은 상전이로 인해 입자, 반입자쌍이 그대로 응축되는 '이상진공'으로 바뀌어 간다. 힘이 발생하는 것은, 바꿔 말하면 힘을 전달하는 입자—게이지 입자—를 탄생시키는 것이다. 그 게이지 입자의 발생에 대해 진공은 결정적인 역할을 한다. 특히, '진공의 상전이'라고 하는, 즉 진공이 변화하고 진화하는 성실은 힘이 발생하는 원인을 생각하고 나서야 본질적인 의미를 갖는다.

여기서, 힘의 통일의 첫 번째 시도는 전자기력과 약력(약한 힘)의 통일이었다. 이제까지 얘기했듯이, 전자기력과 약력에는 유사성이 많이 있다. 양쪽은 입자 교환—광자 및 약중간자—이라는 입장에서 이해할 수 있다. 광자는 경입자와 쿼크가 갖는 전하에 작용하여 전자기력을 전한다. 한편, 약중간자는 약하에 작용하여 힘을 전한다. 한편, 약중간자는 약하에 작용하여 힘을 전한다. 더욱이 교환되는 입자(광자와 약중간자)는 모두 게이지 입자이다.

전자기 상호작용과 약한 상호작용을 입자 교환의 입장에서 보기로 하자. 우선 처음에, 전자(e^-)와 양성자(p)가 충돌하여 전자기력을 서로 미치는 경우를 생각한다. 실험에서는 정지한 양성자(표적)에 가속기로 생성시킨 고속전자가 충돌하여 그대로 흩어지는 경우이다.

전자가 양성자에게 아주 가까이(예를 들면 10^{-8}㎝) 오면 양자간에 광자가 교환되어 전자기 상호작용이 발생한다. 이것을 그림—파인먼(Feynman) 그림이라 한다—으로 표시하기로 하자. 우선, 시간의 흐름을 왼쪽에서 오른쪽으로 하고, 전자(e^-)와 양성자(p)를 한 개의 선으로 그린다. 그림을 보면, 처음에 전자와 양성자가 존재하며 어느 시각에 광자(감마, γ)를 교환하여 상호작용했음을 알 수 있다. 충돌 후의 전자와 양성자는 시간이 흐름에 따라 나간다.

이번에는 약한 상호작용의 예로 뮤 뉴트리노(ν_μ)와 중성자(n)의 흩어짐을 생각해 보자. 뉴트리노에는 약한 힘 밖에 작용하지 않으므로 사정이 좋다. 뮤 뉴트리노(ν_μ)를 쏘아 중성자(n)와 충돌하여 그대로 흩어지는 것이 〈그림 7-9〉의 (a)이다. 여기서

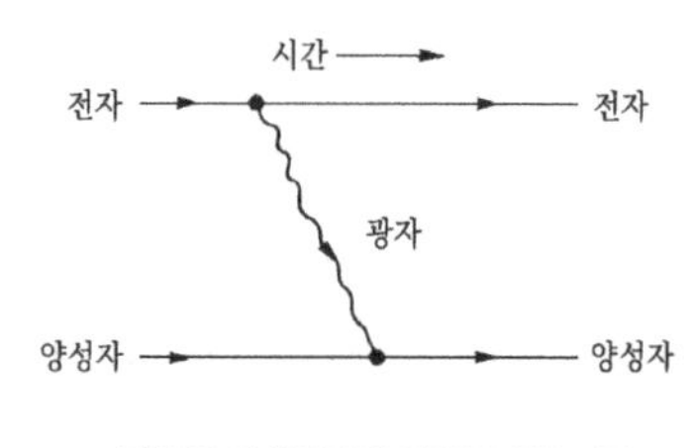

전자와 양성자간의 전자기 상호작용

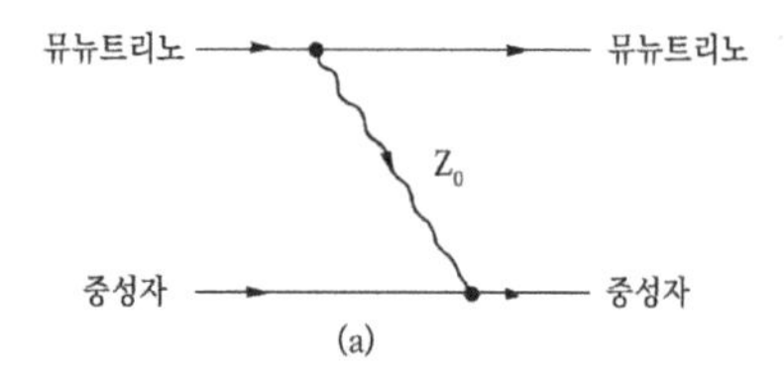

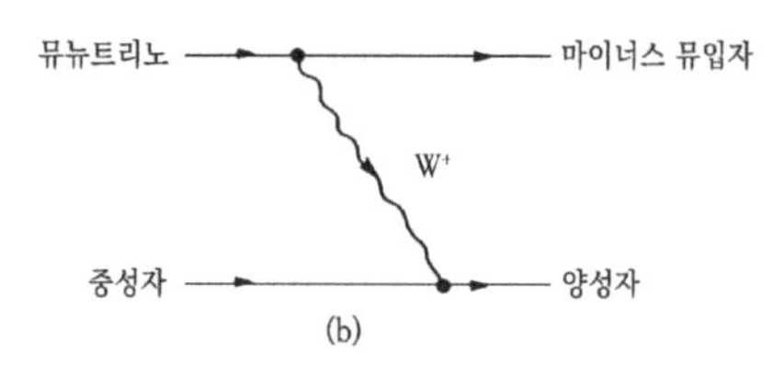

약한 상호작용의 보기

〈그림 7-9〉

는 중성 약중간자(Z^0)가 교환되며, 약한 힘이 뉴트리노와 중간자 간에 전해진다. (b)는 하전 약중간자(이 경우는 W^+)가 교환되는 경우이다. 이 반응에서는 중성 약중간자를 교환시킬 이유는 없다. 그것은 〈그림 7-9〉의 상반부를 보면, 뮤 뉴트리노(ν_μ)(전하 제로)에서 하전 약중간자(W^+)(전하 플러스 1)와 뮤 입자(μ^-)(전하 마이너스 1)가 발생했다. 즉, 뮤 뉴트리노(ν_μ)→하전 약중간자(W^+)+뮤 입자(μ^-)이며, 처음의 뮤 뉴트리노(ν_μ)가 갖는 전하(제로)는 마지막 전하의 총량—플러스 1과 마이너스 합은 제로—과 같게 된다. 만약 중성 약중간자가 교환된다면, 뮤 뉴트리노(ν_μ)→중성 약중간자(Z^0)+뮤 입자(μ^-)가 되어 반응 전후에 전하의 계산이 맞지 않는다. 즉, 반응 전에는 전하가 제로였는데 반응 후에는 전하가 마이너스로 된다.

여기서 나타낸 세 가지 그림은 비슷하며 두 가지 상호작용을 '입자 교환'이라는 공통된 입장에서 이해할 수 있음을 나타내고 있다.

10. 통일 이론

그러면 드디어 전자기력과 약한 힘을 통일적으로 이해할 단계가 되었다. 약중간자는 뉴트리노 및 중성자(중의 쿼크)에 결합하여 약한 힘을 전한다. 전하는—플러스와 마이너스를 같이 하여—한 종류이지만 약하는 2종류가 있다. 이것을 '상', '하'라고 하면 약중간자를 교환함으로써 약하는 '상에서 하', '하에서 상', '상에서 상', '하에서 하'와 같이 변화한다.

이 네 가지의 변화에 대응해서 교환 입자도 네 가지가 필요하게 된다. 그런데 네 가지 중 하나는 약하 불활성(不活性)*인

* 글루온 교환이 경우도 마찬가지로 '색하불활성'이 있다. 쿼크의 색은 세 종류이므로, 글루온은 3×3=9가지 색을 갖으나 그중 하나는 백색, 즉 '색하 불활성'이 된다.

관계로 상호작용하지 않는 게이지 입자가 되고 만다. 결국, 세 개의 약중간자, 하전 약중간자(W^+, W^-)와 중성 약중간자(Z^0)가 남는 것이다. 여기서 어깨에 붙은 '+', '-', '0'는 전하를 나타내며 약하의 부호는 아니다. 약하를 나타내는 부호는 표시되어 있지 않다. 또한, 이 세 개의 입자는 앞 절에서 얘기했듯이, 응축쌍(의약하)과 상호작용하여 질량을 얻는다. 약하 불활성인 입자는 '빛'으로써 질량 제로인 채로 남게 된다.

이렇게 해서 약하의 성질을 생각하면 약한 힘(약중간자 교환)과 전자기력(광자 교환)을 통일적으로 이해할 수 있게 된다. 이론은 '게이지 불변성'에서 출발하면서, 그것을 '자발적으로 파괴함'으로써 약중간자의 질량 생성에 성공하고 있다. 또한, 그럼으로 해서 '재규격화'는 그대로 보존되는 것이다. 그러므로 앞에서 말했듯이 전자의 이상자기 능률과 같은 전자기력에 관한 현상을 아주 정확하게 설명한 위력이 그대로 약한 힘의 현상에도 받아들여지고 있다.

약중간자가 질량을 획득하는 원인은 '상전이된 진공'에 있다. 그 진공은 약하를 갖는 입자, 반입자의 응축쌍이 충만한 '이상진공'이다.

그런데 입자, 반입자가 그 중간에 있는 인력 때문에 응축된다고 생각하지 않더라도 새로이 '힉스 입자'를 도입하여 그것이 진공을 응축시킬 수도 있다 통일 이론에는 이론적으로는 오히려 취급하기 쉬운 힉스 입자를 도입했다. 만일, 힉스 입자가 발견된다면 진정한 의미로서 통일 이론이 검증되는 것이 된다. 힉스 입자는 게이지 대칭성을 정확하게 유지하면서 게이지 입자(약중간자)에 질량을 부여하기 위해 영국의 힉스가 도입한 스핀 0인 입자이다.

11. 대통일 이론

전자기력과 약한 힘을 통일시켜 탄생된 새로운 힘을 '약, 전자기력'이라 한다. 자연계에는 또 다른 두 개의 힘 '강한 힘'과 '중력'이 있다. '통일이론'의 성공은 이들 힘을 모두 통일시키고 싶어 하는 기대를 포용한다.

중력은 다른 세 가지 힘에 비해 극단적으로 약하다. 그러므로 그것을 다른 힘과 함께 통일적으로 이해하는 것은 매우 어려울 것으로 예상된다. 그래서 우선, 강한 힘과 약, 전자기력을 공통된 입장에서 이해하려는 것이 '대통일 이론'의 시도이다.

'7-2. 힘은 운반된다'에서 얘기했듯이, 강한 힘은 글루온이 전파한다. 조금 더 자세히 얘기하면 두 개의 쿼크가 갖는 '색하'에 글루온이 결합하여 작용하는 것이다. 이것을 입자 교환 입장에서 생각하면 〈그림 7-10〉과 같이 된다. 반응한 전후에 두 쿼크의 색하는 변했다. 앞 절에서 얘기한 '전자기력'이나 '약한 힘'과 유사한 구조로 되어 있음을 알 수 있다.

글루온은 광자나 약중간자와 마찬가지로 게이지 입자이다. 그러므로 세 가지 힘은 '게이지 이론'의 테두리 안에서 통일적으로 이해할 수 있을 것이다. '6-9. 전하가 변한다'에서 전하 간에 작용하는 전자기력이 전하의 거리를 좁히면 커진다는 것을 얘기했다. 그것은 전하 주변의 진공이 '전하에 관해서 분극' 되었기 때문이다.

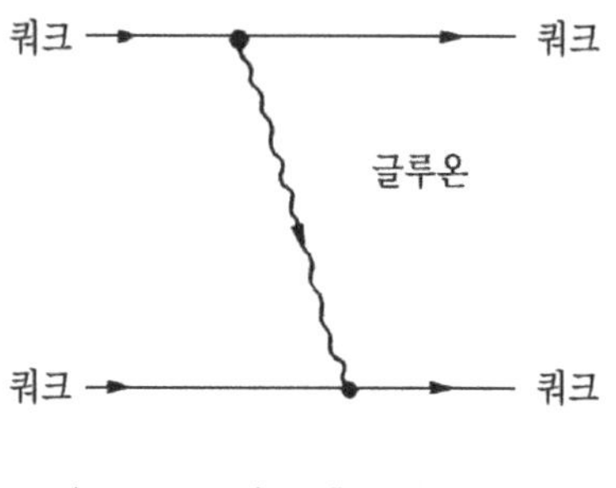

〈그림 7-10〉 강한 상호작용

색하의 경우는 어떻게 될까? 그것을 알아보기 위해 진공 중에 예를 들면, 적 색하를 갖는 쿼크를 놓아 보자. 정상진공 중에서는 '7-4. 쿼크가 충만한 진공'에서 얘기했듯이, 짧은 시간 내에 쿼크, 반쿼크쌍이 생성, 소멸을 한다. 그 정상진공이 거기에 놓인 적 색하로 인해 분극을 일으킨다. 이때 쿼크, 반쿼크쌍 중에서 같은 색하(적색)를 갖는 쿼크는 반발하여 멀어지며, 반대색(반적색)의 반쿼크는 끌어당겨진다. 이것은 '6-9. 전하가 변한다'에서 얘기한 전하의 차단 효과와 같다.

그런데 강한 힘인 경우에는 전자기력에는 없는 효과가 하나 더 있다. 그것은 '글루온은 색하를 갖는다'는 점이다. 광자는 전하를 가지지 않으므로 중심에 있는 전자(나체 전하)의 차단에는 별 효과를 나타내지 않으나 글루온은 나체 색하에 강한 영향을 미치는 것이다. 또한, 정상진공 중에 있는 글루온의 수는 쿼크, 반쿼크쌍보다 훨씬 많다. 그러므로 색하에 대한 분극의 영향은 글루온에 의해 결정된다고 해도 좋다.

적색의 쿼크가 멀어져 가는 것과는 달리, 글루온이 갖는 적색 성분은 중심에 있는 적색 쿼크로 이끌려 간다. 이런 모습이

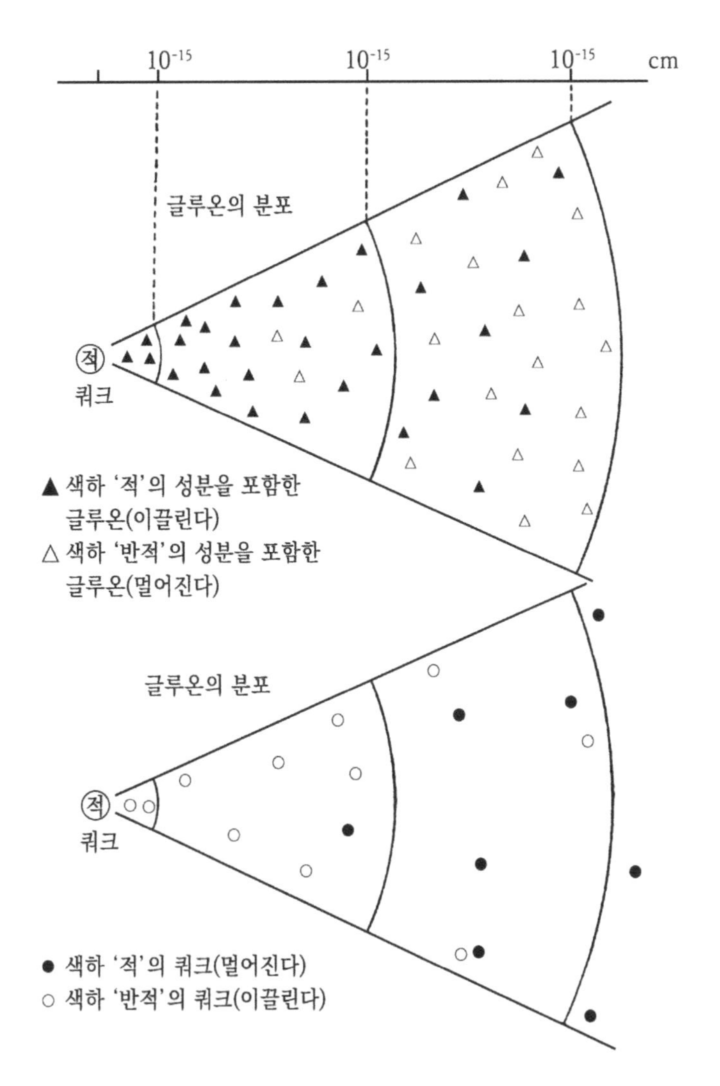

〈그림 7-11〉 진공 안에 적쿼크를 놓은 경우 쿼크와 글루온의 분포

그림에 나타나 있다. 특히, 글루온의 분포에 주의하길 바란다.

글루온의 이러한 성질 때문에 '중심의 색하에 접근하면 색하

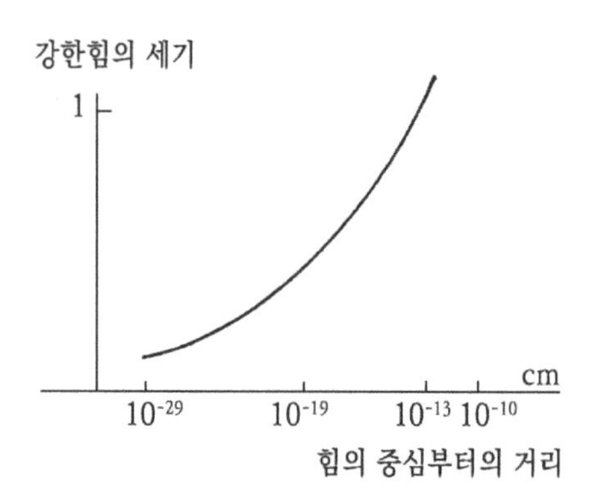

〈그림 7-12〉 강한 힘의 세기와 중심부터의 거리와의 관계

는 감소한다'는 전하의 경우와는 반대의 경향을 보인다. 즉, 색하에 접근하면 강력한 힘은 약해진다(〈그림 7-10〉 참조). 그리고 그 거리가 10^{-29}㎝ 정도 떨어지면, 강력한 힘은 약, 전자기력과 같은 정도의 강도로 되어버린다. 그러한 작은 영역을 생각하면 거기에는 세 가지 힘이 하나의 힘으로 통일된 것이다.

10^{-19}㎝라 하면 1000조분의 1㎝의 또 100조분의 1이라는 미소거리이다. 일반적으로, 소립자의 충돌반응에 있어서 두 개의 소립자를 접근시키고자 하면, 그만큼 많은 에너지가 필요하다. 에너지를 크게 해 충돌로 인해 강한 충격을 줄 필요가 있는 것이다.

이 미소거리를 충돌반응으로 알아보려면, 막대한 에너지를 요한다. 그것은 오늘날 가동되고 있는 최대가속기가 공급하는 에너지의 또 1조 배에 달하는 에너지이다. 도저히 그러한 초고에너지를 인공적으로 만들어 낼 수는 없다. 그러면 세 힘을 통일시키는 '대통일 이론'에 대한 구상은 전혀 현실과는 동떨어진 것일까?

실은 이러한 고에너지 상태가 우주의 극히 초기 시점에서 실현되었었다. 그에 대한 상세한 것은 8장으로 넘기겠는데, 힘의 통일에 관해 진공의 상전이가 중요한 역할을 하는 것에 주의하기 바란다.

전자기력과 약한 힘을 통일할 때, 약중간자가 질량을 얻는 원인은 약하를 가진 '이상진공'의 존재라고 했다. 이 '이상진공'과 약중간자가 상호작용하여 약중간자는 양자의 100배라고 하는 무거운 질량을 획득한 것이다.

'대통일 이론'에 있어서도 사정은 비슷하다. 이 이론 중에도 진공의 상전이로 인해 또 다른 '이상진공'이 나타난다. 이 '이상진공'과의 상호작용으로 질량을 얻는 입자를 X입자라 한다. X입자도 광자, 약중간자, 글루온과 똑같은 게이지 입자이다. X입자의 질량은 먼저 얘기한 초고에너지에 해당하며 양자의 약 1000조 배나 된다.

대통일 이론이 성립되는 초고에너지 영역에서는 세 힘은 동등하므로, 글루온도 약중간자도 광자와 별로 다를 것이 없다. 물론, 쿼크와 경입자조차도 구별할 수 없다. 우주 탄생 초기는 고에너지(고온)의 불덩어리였다. 거기서, 몇 회인가의 진공의 상전이를 거쳐 오늘날의 복잡한 버라이어티로 꽉 찬 세계가 형성된 것이다.

이 장을 마치면서, 경입자와 쿼크—이것을 합해서 기본 입자라 부르기로 한다—에 작용하는 세 힘의 성질을 정리해 보자.

(1) 두 입자 간에 작용하는 힘은 기본 입자 간에 게이지 입자가 교환된다는 묘상(描象)으로 이해할 수 있다.

〈표 7-13〉 네 가지 힘의 요약

	중력	전자기력	강한 힘(강력)	약한 힘(약력)
작용 범위	무한대	무한대	10^{-13}	10^{-16}까지
작용하는 하량(荷量)	에너지를 갖는 모든 입자	전하를 갖는 모든 입자	전하를 갖는 쿼크	약하를 갖는 모든 입자
교환되는 게이지 입자	중력자(질량 0, Graviton)	광자(질량 0, Photon)	교착자(질량 0, Gluon)	약중간자(전자 질량의 100배, Weak Meson)
상호작용	5.9×10^{-30}	1/137	$\simeq1/4$	1.02×10^{-5}
보기	천체 간의 힘	원자 간의 힘	양성자의 구성력	원자핵의 베타붕괴

(2) 교환되는 게이지 입자—힘을 전하는 입자—는 광자(전자기력), 글루온(강한 힘), 약중간자(약한 힘)이다.

(3) 세 게이지 입자와 그것이 상호작용하는 입자의 하량과의 관계는 광자↔전하, 글루온↔색하, 약중간자↔약하가 된다.

(4) 입자, 반입자쌍이 응축하면 '이상진공'이 발생한다. 이 '이상진공'은 '전자' 및 '색하'를 갖지 않으므로 광자와 글루온의 질량은 제로이다. 한편, 이상진공은 '약하'를 가지므로 약중간자는 '약하'와의 상호작용으로 인해 무거운 질량을 획득한다.

(5) 중력을 포함한 네 힘에 대해 작용범위, 작용하는 하량, 교환되는 게이지 입자, 상호작용의 강도, 그 힘의 실례를 정리하면 다음의 〈표 7-13〉과 같아진다.

8장

진공의 진화와 우주의 창조

1. 더 작은 세계로

앞에서 보아 왔듯이, 자연계에 존재하는 네 가지 힘을 통일적으로 이해하려고 한다면 우리는 그만큼 미세한 세계로 들어가지 않으면 안 된다. 전자기력과 약한 힘은 10^{-16}㎝보다 작은 영역에서 통일되어 약, 전자기력이 되었다. 더 작은 세계—10^{-29}㎝의 세계—에서는 세 힘이 통일되었다. 그때 힘이 통일되는 단계에서 '이상진공'이 하나씩 얼굴을 드러냈다.

더 작은 영역으로 들어가면 모든 힘은 통일되어 단순해져 간다. 그러면 그 작은 세계란 무엇일까?

7장 11절에서는 충돌반응을 예로 들어 충돌 에너지와 충돌 입자의 거리를 관련지어 설명했다. 즉, 충돌반응 에너지가 증대할수록 충돌 거리는 짧아진다는 것이었다. 충돌반응에 관계없이 일반적으로 우리가 작은 세계에서 일어나는 현상을 관측하려면 고에너지가 필요하다. 예를 들면, 원자의 세계에는 일어나는 현상은 10^{-8}㎝ 정도의 넓이를 갖고 있으나, 원자핵에 관계되는 현상은 그보다 10만분의 1 이상 작은 영역으로 한정된다. 그리고 원자핵에 있어 고유의 에너지는 원자의 그것에 비해 1,000배에서 1만 배로 커지는 것이다.

이러한 고유 에너지란 무엇일까? 그것은 예를 들면, 원자인 경우에는 전자가 원자핵에 결합할 때 나오는 에너지이며, 원자핵의 경우는 양성자와 중성자가 결합할 때 나오는 에너지인 것이다. 양자의 결합 에너지에는 1만 배 정도의 차가 있는 것이다.

만일 충돌반응으로 원자의 구조를 해명하려면 그것은 입사입자를 쏘아 핵외 전자를 검출해 내면 된다. 그때, 입사 입자는 적어도 전자의 결합에너지 이상의 에너지를 가지고 있어야 한다.

그렇지 않으면 결합에너지를 뿌리쳐서 전자를 검출해 낼 수 없기 때문이다. 원자핵의 경우에는 입사 입자의 에너지는 핵자(양성자와 중성자)의 결합에너지를 상회할 필요가 있다.

우리가 이제부터 알아보고자 하는 세계는 통일이론(10^{-16}㎝)이나 대통일 이론이 성립되는 세계(10^{-29}㎝)나 원자핵의 넓이(10^{-8}㎝)나 원자핵의 넓이(10^{-13}㎝)에 비하면 현격히 미소한 세계이다. 거기서는 원자물리학이나 핵물리학 또는 오늘날의 소립자 물리학에서 이용되고 있는 에너지를 훨씬 뛰어넘는 '초고에너지의 세계'를 문제 삼는 것이다.

2. 우주의 대폭발

우주는 지금으로부터 150억 년 전 대폭발(빅뱅)로 인해 탄생하였다. 그 후 오늘날까지 우주는 팽창을 거듭하고 있다. 이 팽창 우주의 최첨단에는 빛이 있다. 즉, 현재 우주의 넓이는 150억 광년—빛의 속도로 150억 년 동안 달린 거리—이 된다.

이 광대한 우주 공간에는 막대한 수의 별들이 있다. 우리 은하계에 있는 항성은 2000억 개나 된다. 그 항성이란 것이 계속 타올라 빛을 발하고 있는 '태양'들이다. 또한 우주 전체에는 수천억 개에 달하는 별의 집단—은하계—이 있다. 우주공간에 점으로 존재하는 이 수많은 별과 그 사이의 가스가 우주 초기에는 어느 제한된 작은 공간에 갇혀 있었다.

물질을 포함하는 공간을 압축했을 때 그 공간의 온도는 어떻

〈사진 8-1〉 헤라클레스좌의 은하단. 우주 팽창과 함께 은하들도 서로 멀어져간다(제공: 헤일 천문대)

〈사진 8-2〉 페루시우스좌의 은하단

게 될까? 물질은 에너지이다. 에너지는 열이기도 하므로 열을 재는 단위로서의 온도는 에너지의 척도가 된다. 그런데 8평짜리 방과 4평 반짜리 방에 똑같은 난로를 켜 놓으면 4평 반 쪽이 더 따뜻하다. 난로가 같은 것이라면 방이 작을수록 그만큼 더 방 안 온도가 상승한다는 것은 경험적으로 알고 있는 사실이다.

우주 공간의 넓이와 온도에 대해서도 상황은 마찬가지이다. 즉, 맨 처음 우주가 작았던 시대에 우주는 매우 온도가 높았다(고에너지 상태)고 할 수 있다. 그러면 그러한 고에너지 세계에서는 통일 이론이나 대통일 이론이 예상하는 세계가 실현되고 있었을 가능성이 있다. 그때, 진공도 역시 지금과는 다른 '이상 진공'이었을 것이다.

오늘날 우리는 가속의 에너지를 향상시켜 보다 작은 세계를 향하여 연구를 진행하고 있다. 이러한 일은 실은 우주 초기를 향해 접근하는 것이기도 하다. 또한, 우주 초기에는 가속기로는 도달할 수 없는 초고에너지의 세계가 존재했었다. 그러므로 거기에는 힘의 본질을 추구하는 절호의 무대가 되는 것이다. 진공이 상전이를 반복하며 힘을 하나씩 만들어 간다고 하는 현대 물리학이 예상했던 것을 구체적으로 보여준 시대가 있었다.

진공의 상전이와 힘의 진화가 시간이 감에 따라 어떻게 변화했는지를 보기 위해 여기에서 우리는 한발 앞서 우주가 탄생한 시점까지 거슬러 올라가 보자.

3. 불덩어리 우주

‘진공의 상전이’에 주목하여 우주의 초기를 넷으로 나누기로 하자. 그 네 시점에 대해 대폭발(빅뱅) 이후의 시간, 그때의 온도, 우주공간의 넓이를 정리한 것이 〈표 8-3〉이다.

이 표를 한번 보아 알 수 있는 것은 진공의 상전이가 일어난 시점은 우주의 초기에 매우 접근하고 있다는 점이다. 예를 들면, 첫 번째 상전이는 대폭발이 있고 나서 10^{-44}초라고 하는 극히 짧은 시간이 경과한 후에 일어났다.

그런데 이때 우주 공간의 온도가 또한 굉장하다. 절대온도로 10^{33}도이다(절대온도로 273도가 섭씨 0도에 해당한다). 이것을 ‘1조 도의 1조 배의 또 10억 배’라 할 수도 있다. 그리고 그때 우주의 지름은 자그마치 10^{-36}㎝이다(1조분의 1㎝의 또 1조분의 1의 또 1조분의 1). 이 안에 오늘날 우리가 보고 있는 무수한 별들이 들어 있었다고 하는 어마어마한 세계이다.

어쨌든 우리가 문제 삼는 진공이 상전이를 일으킨 시점과는 상식을 훨씬 넘는 먼 옛날의 일이며, 동시에 그 때의 우주는 막대한 에너지를 내포한 초고온의 불덩어리*였다. 이러한 초고온에다 초고밀한 불덩어리에 진공 같은 것을 생각할 수 있을 것인가. 물론 그것은 꽉 들어차서 빈틈 하나 없는 세계이긴 하지만 지금 입시로 그 물질을 모두 제거한다면 역시 그 후에는

---

* 이 불덩어리는 1948년 본디, 골드, 호일 등이 제창한 ‘정상우주론’에 대해 같은 해, 가모브가 ‘불덩어리 우주진화론’에서 도입한 것이다. 그는 우주가 과거의 유한한 시점에서 굉장한 고밀도, 고압력의 불덩어리 상태(빅뱅, Big Bang)로부터 팽창하기 시작했다고 하여 화학 원소의 기원을 논했다.

〈표 8-3〉

	시간(초)	온도(K)	영역(㎝)
첫 번째 상전이	10^{-44}	10^{33}	10^{-44}
첫 번째 상전이	10^{-36}	10^{28}	10^{-28}
인플레이션	10^{-35}	10^{27}	1
첫 번째 상전이	10^{-11}	10^{15}	10^{12}
첫 번째 상전이	10^{-6}	10^{12}	10^{15}
현재의 우주	5×10^{17}	2.7	10^{28}

최저 에너지를 가진 안정된 공간만이 남을 것이다. 물질이 있으면 그것만으로 인해 에너지가 높아진 상태가 될 수 있다. 우주 공간에 플러스 에너지를 가진 물질로 차 있다면 진공도 또한 마이너스 에너지를 가진 물질로 꽉 차 있는 것이다. 그러한 진공상태의 용기 안에 플러스 에너지를 가진 물질이 초고밀도로 채워져 있는 것이 우주 초기의 불덩어리였다.

4. 첫 번째 상전이

대폭발 후 10^{-44}초가 흘렀을 때, 진공은 첫 번째 상전이를 일으켰다. 상전이의 시점에서는 10^{-36}㎝라는 작은 영역 10^{55}그램이라는 우주의 전 질량(전 에너지)이 들어 있었다. 거기에서는 중력이 강한 힘, 전자기력, 약한 힘과 같은 강도로 작용하기 때문에 중력을 포함한 양자론이 필요하게 된다. 그것은 '대대통일

이론'이라고나 할까?

그러나 그 중력을 둘러싼 힘의 이론은 아직 완성되지 않았다. 그러므로 우리는 10^{-44}초 이전에 우주가 어떻게 되어 있었는지 전혀 알 수가 없다. 그 이전에 우주의 출발점이 있다고 생각하는 것도 매우 이상해지기도 한다. 거기에는 시간의 간격도 지금보다 훨씬 길게 늘어져 있었는지도 모른다. 오늘날 우리가 알고 있는 물리법칙도 모두 무너져 버릴 가능성도 있다.

현재 중력은 다른 세 힘에 비해 10의 40제곱분의 1로서 놀랄 만큼 작다. 중력의 이러한 특이성은 아마 우주 창조로부터 10^{-44}초 지났을 무렵에 발생한 것일까. 즉, 이때 진공이 첫 번째의 상전이를 일으켜서―이유는 확실히 모르지만―중력이 다른 세 힘으로부터 분리되었다고 상상되는 것이다.

첫 번째 상전이 이후가 되면, 우리는 현재의 소립자이론을 구사하여 그때의 모습을 상상할 수가 있다. 첫 번째에서 두 번째의 상전이가 일어나는 동안 우주에는 '쿼크(반쿼크)', '경입자(반경입자)', '게이지 입자(빛, 글루온, 약중간자, X입자)'가 가득 차 있었다. '7-11. 대통일 이론'에서도 얘기했듯이, 이들은 서로 구별할 수 없는 '원시의 입자', '원시의 빛'이었다. 거기서는(부록 〈표 4〉에 우주창조기에 활약한 주요 요인을 정리해 놓았다. 중력은 제외했다) 세 힘이 한 종류의 힘으로 통일되어 '대통일 이론'이 예상하는 세계가 있었다.

원시의 입자―쿼크와 경입자―도 원시의 빛(게이지 입자)―광자, 글루온, 약중간자, X입자―도 모두 질량이 제로(0)이며 원시의 입자나 원시의 빛은 충돌로 인해 멀리 움직일 수가 없었다. 우주는 철이나 아연보다 훨씬 무거운 구름으로 쌓인 암흑의 세계였다.

5. 두 번째 상전이

대폭발로부터 10^{-36}초가 지나 우주의 온도가 10^{28}K까지 내려갔을 때 두 번째의 진공 상전이가 시작되었다. 이 상전이의 모습은 약간 복잡하다. 그것은 물이 0℃에서 얼음이 될 때의 과냉각 상태와 비슷하다. 물을 0℃로 해도 모든 물이 금방 얼음이 되는 것이 아니고 얼마간 물과 얼음의 공존 상태가 이어진다. 그동안 물과 얼음의 온도는 0℃를 유지하고 있다. 이것을 '과냉각 상태'라 한다.

두 번째 상전이는 10^{-36}초부터 시작되어 10^{-35}초까지 계속되었다. 이 동안이 일종의 과냉각 상태이다. 그런데 이 얼마 안 되는 동안에 우주는 급속하게 팽창했다. 이것을 '인플레이션'이라 한다. 즉, 10^{-28}㎝짜리 우주가 단번에 1㎝까지 10^{28}배(100조배의 또 100조 배)나 커진 것이다. 이 때문에 우리의 우주는 '어디라도 일률적으로 등방적(等方的)'인 성질을 갖게 되었다. 그것은 우주의 여러 방향으로부터 지구로 날아오는 에너지가 낮은 빛(2.7K 복사라 부른다)이 등방적으로 분포하는 것에서 확인되었다.

이러한 팽창이 끝나고 진공은 두 번째의 상전이를 완료한다. 여기서 우주에는 새로운 '이상진공'이 발생하였다. 이러한 상전이로 인해 X입자가 질량을 갖기 때문에 이 이상진공을 'X하(荷) 이상진공'이라 불러 두자.

X하 이상진공 중에는 입자, 반입자쌍이 응축하여 안정된(제일 에너지가 낮은) 상태가 만들어졌다. 이 응축쌍은 X하를 가지고 있다. 그것은 전하, 색하, 약하와 함께 '하량'의 하나이다. 이 응축쌍을 만들고 있는 입자는 앞에서 얘기한 '원시원자'이다.

그래서 이 이상진공중의 응축쌍과 '원시의 빛'의 하나가 X입자*와 상호작용하여 X입자는 커다란 질량을 획득한다. 그 질량은 양자 질량의 10^{15}배(1000조 배)나 된다. 질량 획득의 메커니즘은 약중간자가 질량을 얻은 경우와 똑같다.

X입자의 질량을 온도로 환산하면 딱 10^{28}K이다. X입자는 그 질량에 해당하는 온도(에너지)를 이상진공으로부터 흡수하여 질량으로 얻은 것이다.

이러한 상전이로 인해 발생된 'X하 이상진공'은 X하를 가지고 있긴 하지만 X하와 상호작용하는 것은 X입자뿐이다. 이 시점에서 존재하고 있던 다른 입자(쿼크, 경입자, 광자, 글루온, 약중간자)는 'X하 이상진공' 중에서 그와 상호작용하는 일 없이 질량 제로인 채로 남았다.

두 번째 상전이로 인해 힘의 양상에 커다란 변화가 생긴다. 세 힘(강한 힘, 전자기력, 약한 힘)은 하나의 힘으로 통일되어 소위 말하는 '대통일 이론의 세계'가 실현되었으나, 상전이로 인해 강한 힘이 약, 전자기력으로부터 독립한 것이다. 그리고 우주가 팽창하여 온도가 내려감에 따라 강한 힘은 그 이름대로 점점 강해져 간다. 그러면 강한 힘으로 상호작용하는 쿼크와 그 힘이 작용하지 않는 경입자간의 보편성이 점차로 무너지기 시작한다. 즉, 쿼크와 경입자의 특성이 나타나는 것이다.

〈그림 8-4〉는 상호작용의 강도가 우주 창조 이래 시간 흐름에 따라 어떻게 변화되었는지의 모습을 나타내고 있다. 우주 크기의 스케일이 10^{-28}㎝일 때의 온도는 10^{28}절대온도(K)에 해

---

* 부록 〈표 4〉에서 X, Y 두 가지 종류의 게이지 입자가 있지만 이것을 합해 X입자라 부른다.

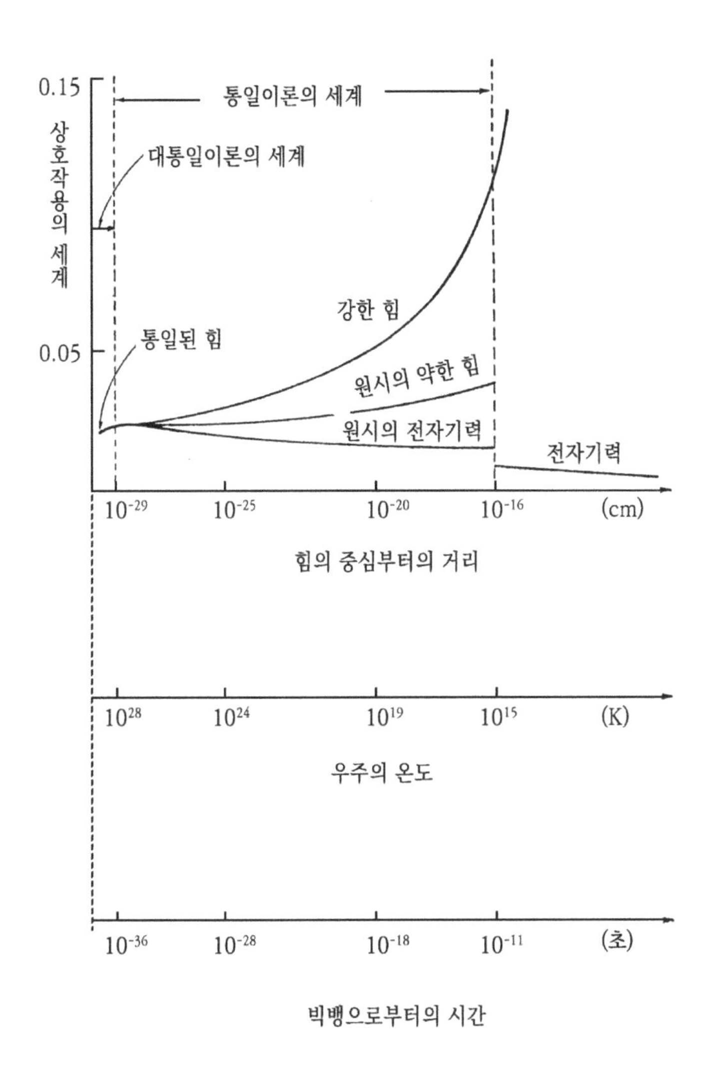

〈그림 8-4〉 우주창조 후 상호작용의 세기는 어떻게 변해왔을까

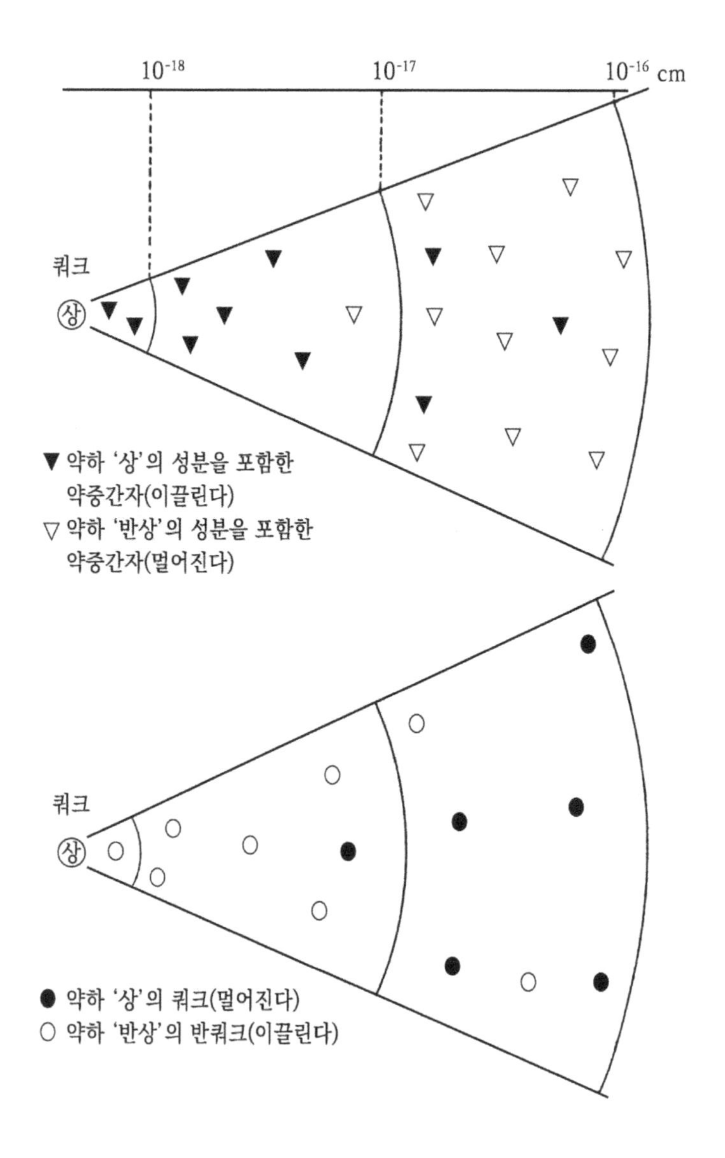

〈그림 8-5〉 나체(벗은) 약하와 그 차폐

당된다. 창조 후 10^{-36}초 경과한 무렵이다. 그 이후, 10^{-11}초 정도 지날 때까지의 우주는 통일이론이 실현되는 세계이다. 글루온에 의한 강한 힘의 강도는 시간이 지남에 따라 점점 증대되며, 한편 전자기력의 강도는 점차로 감소한다.

질량 제로인 약중간자가 전하는 약한 힘의 강도는 강한 힘의 강도 정도는 아니지만, 거리에 따라 점점 강해진다. 그것은 다음과 같은 이유에서이다. 중심에 놓인 나체 약하 주위에는 약한 힘이 끌어당긴 같은 종류의 약하가 모여든다. 따라서 나체 약하는 강한 힘의 경우와 마찬가지로 역차단 되고 말아 중심에 가까워질수록 약해지는 경향이 있기 때문이다(〈그림 8-5〉 참조).

통일이론의 세계에서는 약한 힘 쪽이 전자기력보다 어느 정도 강한 경향이 있음을 그림에서 알 수 있다.

최근의 연구에 따르면 두 번째의 상전이는 훨씬 빠른 시기에 시작되며 전자기력이나 약한 힘, 강한 힘 세 힘이 훨씬 높은 온도의 우주로 통일되었다고 생각하는 경향이 있다. 그렇게 생각하는 것은 대통일 이론에서 예언되는 양성자의 붕괴가 이론의 예상에 반해 아직 실험으로 발견되고 있지 않기 때문이다.

6. 세 번째 상전이

대폭발로부터 10^{-11}초가 지나 우주의 온도가 10^{15}K까지 내려간 시점에서 세 번째 상전이가 일어났다. 여기에서 발생하는 이상진공은 이미 7장에서 설명한 '약하'를 가진 이상진공이다. 이것을 앞 절에서 얘기한 'X하 이상진공'과 구별하여 '약하 이상진공'이라 부르기로 하자.

이 상전이에서는 강한 힘이 아무런 영향을 받지 않는다. 두 번째 상전이가 끝나고 나서부터 세 번째 상전이까지는 전자기력과 약한 힘이 약, 전자기력으로 통일되어 소위 말하는 '통일 이론의 세계'가 존재했었다. 거기에는 질량을 가진 입자는 X입자뿐이었다.

세 번째 상전이로 인해 약하 이상진공이 발생하면 약하를 가지는 모든 입자는 이상진공과 상호작용하여 질량을 갖게 된다. 쿼크도 렙톤도 이 단계에서 질량을 획득한 것이다. 예를 들면, 업 쿼크의 질량은 양자의 200분의 1, 전자의 질량은 양자의 2,000분의 1이 되었다. 훨씬 더 현저하게 변화되는 것은 약중간자(W^+, W^-, Z^0)가 매우 무거운 질량을 얻는 경우이다. 이 점에 관해서는 '7-10. 통일 이론'에서 자세하게 설명했다. 약하를 가지지 않는 게이지 입자인 광자와 글루온은 '약하 이상진공'과는 상호작용하지 않고 질량 제로인 채로 살아남았다.

약중간자가 커다란 질량을 획득하면 약한 힘의 작용영역은 10^{-16}㎝ 이하로 짧아졌다. 약한 힘의 강도도 전자기력에 비해 1,000분의 1 정도가 되었다. 이렇게 해서 전자기력과 약한 힘의 통일은 무너지고 두 힘이 독립하는 것이다.

우주창조 후 10^{-11}초 후에 나타나는 전자기력 강도의 모습이 〈그림 8-4〉에 그려져 있다. 그림을 보면 알 수 있듯이 10^{-11}초 후의 우주에 진공의 상전이가 일어났기 때문에 전자기력의 강도는 불연속적으로 약해지며 그 이후에는 시간의 흐름에 따라 점차로 약해진다. 그러한 모습은 '6-9. 전하가 변한다'에서 얘기한 대로이다. 현재, 그 크기는 강한 힘의 약 100분의 1이다.

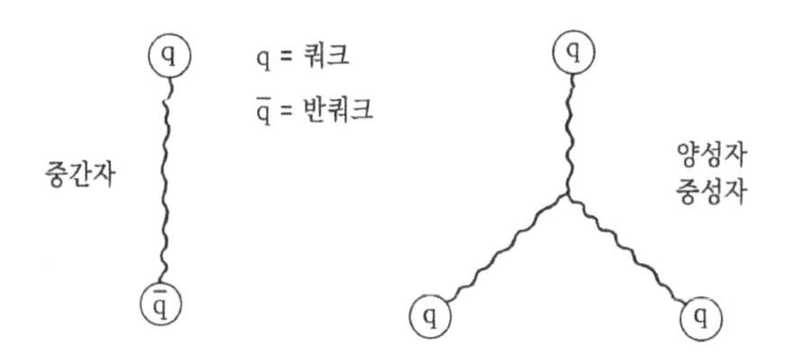

〈그림 8-6〉 우주의 온도가 내려가면 쿼크의 열운동이 감소하고 이어 쿼크는 글루온의 끈에 잡힌다

한편, 약한 힘의 강도는 그 힘을 전하는 약중간자가 10^{-11}초 후에 우주가 상전이 할 때 커다란 질량을 획득했기 때문에 강한 힘의 10만 분의 1 정도로 아주 작아져 버렸다.

7. 네 번째 상전이

대폭발로부터 10^{-6}초가 지나 우주의 온도가 10^{12}K가 되었을 때, 진공은 네 번째의 상전이를 일으켰다. 이때 우주의 넓이는 10^{15}㎝이며, 지름은 지구-태양 간의 100배 정도였다.

그렇기는 해도 우주 창조 이후 아직 100만분의 1초밖에 지나지 않았다. 그때, 우주 공간에는 10^{23}개나 되는 태양에 상당하는 물질이 포함되어 있었다. 그것은 1㎤의 무게가 1,000㎏ 있는 경이로운 고밀도 우주였다.

네 번째 상전이 전에는 상호작용을 강하게 하여 쿼크, 반쿼크, 글루온이 서로 충돌하거나 생성, 소멸을 반복하고 있었다. 우주가 팽창함에 따라 온도가 내려가면 쿼크의 열운동은 점차로 쇠퇴하게 되고, 강한 힘이 이끄는 속박력이 이기게 된다. 그래서 마침내 마지막 상전이로 인해 쿼크와 글루온 간에 응축이 발생했다. 그 결과, 글루온은 가는 끈이 되었다.

글루온의 끈은 세 쿼크를 다발로 묶어서 양성자나 중성자를 만들었다. 그리고 강한 힘의 도달거리는 양성자나 중성자의 크기(10^{-13}㎝)만 해졌다. 쿼크와 반쿼크가 글루온의 끈으로 연결되자 중간자(메손)가 생성되었다. 이렇게 해서 네 번째 상전이에 있어서 오늘날 우리가 소립자로써 관측하고 있는 모든 강입자(양성자, 중성자, 파이 중간자 등)가 태어난 것이다.

이때, 쿼크는 다시 질량을 얻는다. 세 번째 상전이에서는 '약하 이상진공'이 출현함에 따라 쿼크는 양성자의 100분의 1 정도 되는 아주 작은 질량을 얻는 데에 그쳤다. 거기에서는 쿼크가 가지는 약하가 질량 획득에 작용했다.

네 번째의 상전이에서 글루온의 끈이 쿼크를 강입자 내부로 집어넣었다. 예를 들면, 양성자는 '(업, 업, 다운)'이라고 하는 세 쿼크로 이루어진다. 따라서 업 또는 다운 쿼크 하나의 중량은 대충 양성자의 3분의 1이다. 여기에서 얻은 업 쿼크나 다운 쿼크의 질량은 세 번째 상전이에 비해 현저하게 크다.

이렇게 쿼크를 강입자 내부로 몰아넣어 쿼크에다 유효질량을 부여하기 때문에 새로운 타입의 이상진공이 생겼다. 이 이상진공은 이제까지의 두 개와는 그 성질이 크게 다르다.

우선 이상진공의 소재가 되는 응축쌍은 쿼크, 반쿼크 및 글루온끼리로 되어 있다. 이때의 이상진공은 쿼크 및 글루온의 색하에 작용하는 강한 힘이 원인이 되어 생긴 것이다. 글루온은 글루온끼리 응축쌍이 만들어져 있는데 반해, 같은 게이지

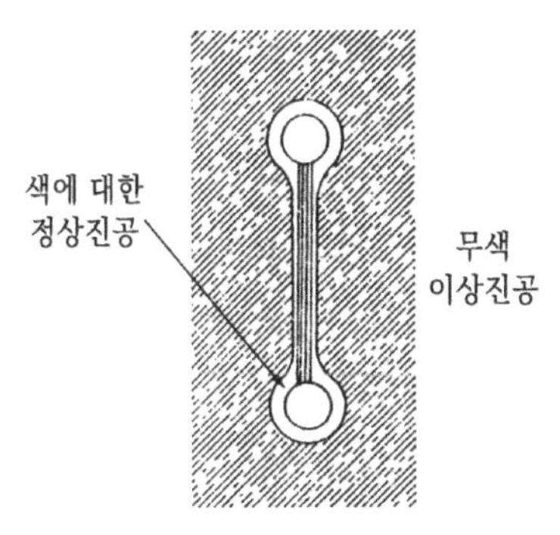

〈그림 8-7〉 글루온의 끈 주위는 색에 대해 정상진공으로 되어 있다

입자인 광자는 그렇지가 못하다. 글루온은 색하를 가지나 광자는 전하를 가지지 않기 때문이다. 바꿔 말하면, 광자끼리는 전자기력이 작용하지 않으나 글루온 간에는 강한 힘이 작용한다. 그 결과 글루온끼리의 응축쌍이 생긴다는 말이다.

단, 여기에 온 쿼크, 반쿼크 및 글루온 응축쌍은 'X하 이상진공', '약하 이상진공'이 각각 X하, 약하를 갖는 것과는 달리 색하를 갖지 않으며 무색으로 되어 있다. 그러므로 글루온은 이 진공과 상호작용할 수 없으며, 질량 제로인 채로 오늘날까지 살아남은 것이다. 이 이상진공을 '무색 이상진공'이라 부르기로 하자. X입자가 두 번째 상전이에서 'X하 이상진공'과 상호작용하고, 또 약중간자가 세 번째 상전이에서 '약하 이상진공'과 상호작용해서 질량을 얻는 것과는 큰 차이가 있다.

'무색 이상진공' 중에 색하를 가진 쿼크와 반쿼크를 놓아보자. 그러면 '무색 이상진공' 중의 응축쌍 때문에 쿼크(반쿼크) 주변의 색의 장(강한 힘의 장)이 급변하여 글루온을 가는 끈처럼 묶어 버리는 것이다. 이렇게 해서 글루온의 끈은 쿼크 간에 강한 인력을 미쳐 강입자를 생성시키는 것이다. 이 단계에서 쿼

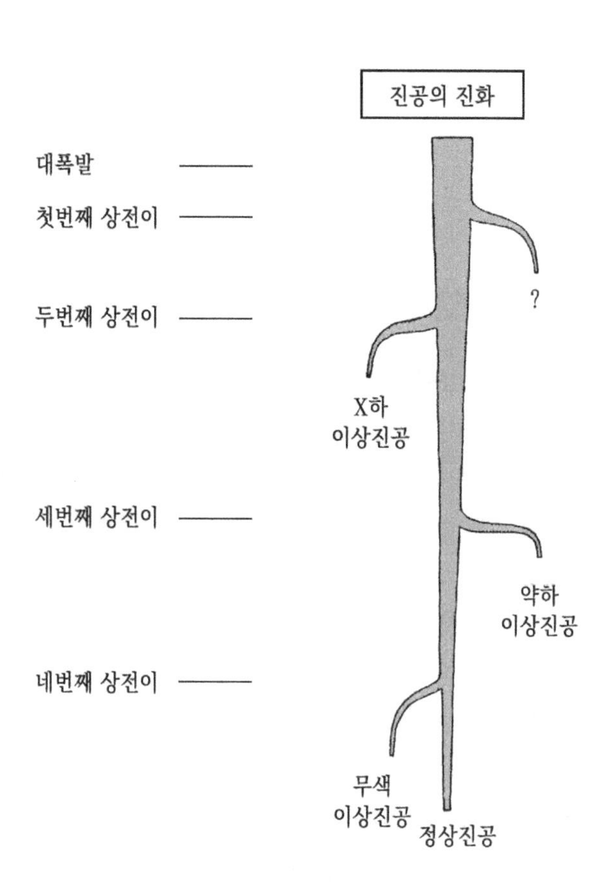

〈그림 8-8〉 진공과 힘과 입자의 진화

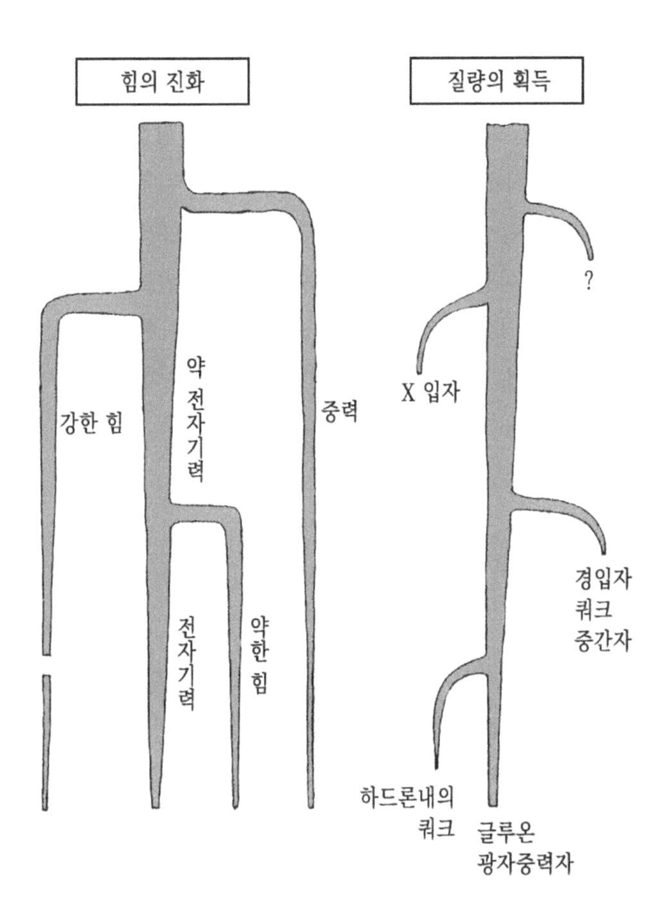

힘의 진화
질량의 획득
강한 힘
약 전자기력
중력
전자기력
약한 힘
?
X 입자
경입자
쿼크
중간자
하드론내의
쿼크
글루온
광자중력자

크는 양성자의 3분의 1되는 질량을 얻는데, 그 원인은 X입자나 약중 간자의 질량획득의 메커니즘과는 근본적으로 다르다.

여기에서 주의할 점은 강입자의 바깥쪽은 '무색 이상진공'이 되어 있음에도 불구하고 묶인 글루온 끈의 바로 근방은 색에 대해 정상진공이 되어있다는 점이다. 이것은 열을 받은 물속의 기포와 아주 흡사하다. 즉, 물이 이상진공에 대응되며 기포는 정상진공(혹은 강입자)에 대응된다. 그리고 기포(정상진공) 중에는 주변에 있는 물(이상진공)로부터 증발한 증기(쿼크, 반쿼크, 글루온)로 충만해 있다. 기포가 회전하면 럭비공처럼 세로로 길게 되며 더욱 회전이 빨라지면 끈 모양이 된다. 이것이 양성자나 중성자, 중간자—소위 말하는 강입자—인 것이다.

8. 마무리

진공은 상전이로 인해 스스로 변신할 수가 있다. 그리고 진공은 상전이가 일어날 때마다 새로운 힘을 발생시켜 물질에 질량을 부여했다. 이렇게 보면, 진공은 '힘과 물질'이라는 물리학상의 중요한 개념을 해명하는 열쇠를 쥐고 있음을 알 수 있다.

이러한 진공의 상전이가 구체적으로 실현되고 있는 것이 초기의 우주이다. 뜨겁고 미소한 우주 안에서 진공은 네 번 모습을 바꿨다. 진공의 상전이로 인해 탄생된 이상진공과 새로운 힘 및 각 상전이 후에 질량을 획득한 입자를 그림으로 나타냈다. 이제부터 알 수 있는 것은, 진공과 힘이 밀접하게 관계하면서 시간의 흐름에 따라 진화해 왔다는 점이다. 이 그림은 원시

생물이 보다 고등한 동물로 진화한다는 '다윈진화론'을 다시 생각하게 하는 것이 있다. 진화하여 발전하는 것은 생물밖에 없을까?

진공과 물질은 우주를 만드는 두 소재이다. 그 진공과 물질의 상태는 힘으로 규정된다. 그러므로 진공과 물질과 힘의 진화는 우주 그 자체의 형성과정을 반영하고 있다. 특히, 우주의 극히 초기의 극적인 변천은 힘의 진화론이라고도 할 통일이론으로 구체적인 기술을 할 수가 있었다.

우리가 지금 두 번째의 상전이—대폭발 후 10^{-36}초—근처까지의 우주를 이론적으로 해명할 실마리를 쥐고 있다. 그러나 첫 번째의 상전이가 어떠한 기구로 일어났는지, 이러한 단계에 이르면 아직도 어림짐작 단계라고 할 수밖에 없다. 두 번째 이후의 상전이에서는 그때그때 특정한 입자가 질량을 획득하고 있다. 그것은 상전이로 인해 '이상진공'이 만들어졌기 때문이다.

그러면 첫 번째 상전이 때에는 어떤 '이상진공'이 만들어지고 어떤 입자가 질량을 획득한 것일까? 이 질문에 대해 우리는 아직 확신을 가지고 대답할 수 있는 이론적인 배경을 가지고 있지 못하다.

물론, 첫 번째의 상전이 이전은 두말할 나위도 없다. 그 무렵의 우주는 그 크기가 10^{-36}㎝ 이하인 초미소한 세계이다. 그 안에는 오늘날의 전 우주를 채우는 모든 물질이 들어 있다. 그것은 온도가 10^{33}K라는 상상도 못할 세계이다. 거기서는 중력장의 양자화라는 어려운 문제가 있다. 애당초 우리가 오늘날 이해하고 있는 시간과 공간의 개념을 이 시점까지 확장할 수 있다는 보장도 없다. 전혀 새로운 물리학이 필요하게 될지도 모른다. 그렇게 되면 이제까지 예상하지 못했던 이상한 진공이 출현할 가능성도 충분히 생각할 수 있다.

소립자이론이 발전함에 따라 우주 초기 연구에 대해 장애가 되어온 베일이 하나씩 착실하게 벗겨지고, 결국 우주와 물질의 기원이 점차로 밝혀지게 되었다. 우주 창조의 순간에 벌어진 극적인 모습을 그릴 수 있는 날이 의외로 빨리 올 지도 모른다.

9장

왜 진공은 텅 빈 것처럼 보이는 것일까

1. 다시 한 번, 진공이란 무엇일까

1장에서 "진공이란 무엇일까?"라는 질문을 던졌다. 초등학생이나 샐러리맨에게 물어보았을 때, 그들의 대답 일부를 소개하기도 했다. 어쨌든, 일반인들에 있어 진공에 대한 이미지는 '아무것도 없는 공간'임을 알았다. 아주 복잡한 것은 빼고 '텅 빈 상태'라는 느낌을 가지고 있는 사람이 많은 듯하다.

그런데 이 책을 읽어 보고 그러한 상식이 통용되지 않음을 알았을 것이다. 즉, '텅 빈 상태'가 아니라 '충만한 상태'야 말로 진공의 진짜 모습이다. 단지, 충만한 '것'—마이너스 에너지 입자의 바다—은 직접 관측에는 걸리지 않는다는 점이 상식에 걸맞지 않는 듯하다.

"상자 속에 과자가 가득 들어 있다."고 했을 때, 그 과자를 눈으로 볼 수도 있고 마음이 있으면 하나 집어 먹을 수도 있다. "눈에 보이지 않는 과자, 먹을 수 없는 과자가 들어 있다." 라고 아무리 주장한들 그것은 의미가 없다.

그러나 잘 생각해 보면 '과자가 들어 있는 상자'와 '물질이 충만한 진공'이라는 두 표현에는 조금 거리감이 있음을 알아챌 수 있다. 과자의 경우, 우리는 '상자 안에 과자가 있다'는 것을 어떻게 해서 판단한 것일까? '과자가 있다'고 하는 이상 우리는 과자가 없는 장소(즉, 상자 밖)와 과자가 있는 장소(상자 안)를 비교하고 있는 것이다. 만일 세상의 어느 곳에나 과자가 있었다고 한다면 '상자 안에 과자가 있다'는 판단을 할 수 있었을까?

우주 공간은 어디든 다 진공이다. 그 안에 우리 인간이 있다.

그러므로 우리는 진공의 존재를 인식하지 못한다. 이것은 우리가 대기 중에 있으면서도 대기의 존재를 인식하지 못하는 것과 아주 흡사하다. 만일, 공기가 없는 장소에 가면 괴로워서 공기의 존재를 그제야 느끼는 것이다. 진공의 존재도 진공에 '구멍'이 뚫렸을 때 비로소 알 수가 있다. 그 '구멍'이라는 것이 바로 반입자이다.

그러면 토리첼리나 파스칼은 어째서 진공을 '텅 빈 상태'라고 생각한 것일까? 그것은 그들이 이러한 '진공에 난 구멍'을 경험하지 못했기 때문이다.

2. 아리스토텔레스는 위대했다

'역사는 반복된다'고 한다. 진공 연구의 길을 돌이켜 보면 '과연'이라고, 이 말에 수긍이 가는 것이 있다. 이미 얘기했듯이 진공에 대한 논의는 멀리 그리스 시대로 거슬러 올라간다. 그리스의 위인 아리스토텔레스와 데모크리토스는 각각 진공에 관해 '부정론'과 '긍정론'을 내걸고 논의를 가했다. 그들이 생각한 진공이란 '텅 빈 진공'이었다. 그러므로 아리스토텔레스의 진공부정론은 우주 공간이 얼마간의 매질로 차 있음을 의미한다. 이것은 그의 운동학에서의 요청이었다.

힘이 매질 속을 전파한다는 생각은 16세기 프랑스의 자연학자인 데카르트가 이어받았다. 아리스토텔레스나 데카르트의 생각 속에는 힘을 전달하는 '장'이 있었다.

뉴턴이 얼마만큼 강력하게 진공을 지지했는지는 알 수 없으

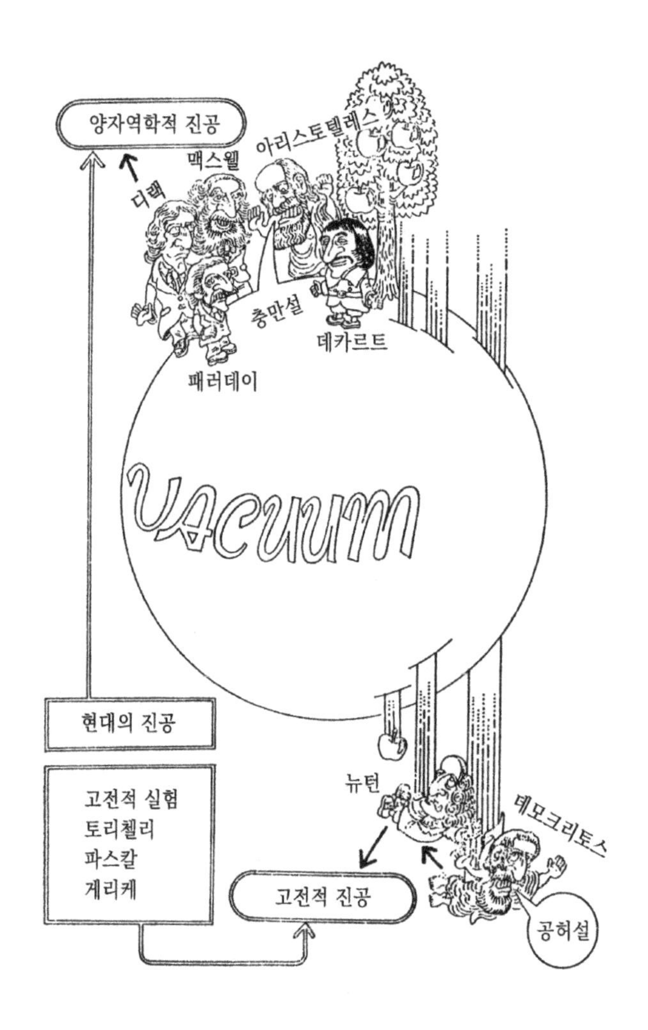

〈그림 9-1〉 진공론은 돌고 돈다

나 그의 만유인력 법칙은 천체의 운행을 아주 잘 기술했다. 그에게 있어서 천체의 운동을 수학적으로 기술하는 것이 중요하지 매질의 존재 따위는 아무래도 좋았다. 그런데 데카르트의 지적에 따르면 그것은 너무나 편의적인 입장이며 오히려 힘의 원인을 캐내는 것이 본질적인 것이었다. 그리고 그는 힘의 성립 요인을 매질에서 찾았다.

19세기 말에는 빛을 전하는 장으로써 에테르의 존재가 상정된 일도 있었다. 에테르 혹은 아리스토텔레스나 데카르트 등이 주장한 매질은 실험적으로 검증되지 않았으나, 그들의 입장으로 일관되는 '힘을 전하는 장'이라는 생각은 오늘날의 물리학 안에 남아 있는 것이다. 그들은 진공의 존재를 부정했다. 그 진공이란 '아무것도 없는 텅 빈 상태'이다. 그러한 공간이 있다면 힘이 전파되지 않으므로 곤란해진다.

하지만 양자역학으로 밝혀진 진공의 진짜 모습은 '물질이 충만한 상태'이다. 단, 그 '물질'은 마이너스 에너지를 가진 입자이며 직접 힘을 전할 수는 없다. 그러나 그것은 힘을 간접적으로 전하는 매개체는 될 수 있다. 실제로 6장에서 얘기했듯이 전자의 이상 자기능률이나 수소원자로부터 발생하는 광스펙트럼에 대해 이론이 예상한 것이 실험치와 일치했음은, 이 마이너스 에너지의 입자로 인한 진공의 흔들림이 힘을 전하는 매개체 역할을 하는 것임을 나타내는 것이다.

긴 역사 속에서 '긍정'과 '부정' 간을 오락가락해 온 진공에 대한 해석은 결국 2000년 이상이나 되는 옛날의 아리스토텔레스로 거슬러 올라가고 말았다. 그러나 다른 면에서 아리스토텔레스로 거슬러 올라가고 말았다. 그러나 다른 면에서 아리스토텔레스의 예상과는 전혀 다른 것이 되었다. 만일 아리스토텔레스 '진공에는 물질이 충만해 있다'는 양자역학적인 진공을 알고 있었다고 한다면 결코 그는 진공을 부정하지 않았을 것이다.

한편, '물질이 충만 되어 있음에도 불구하고 거시적으로 보면 관측에 걸리지 않는다'는 양자역학적 진공의 기묘한 성질은 아리스토텔레스의 논리학과는 맞지 않을지도 모른다. '아무것도 없는 진공이 있다'는 데모크리토스의 주장을 '없는 것을 있다고 하는 것은 부당하다' 하여 일축해 버린 아리스토텔레스다. '충만 되어 있는 것이 보이지 않는다'는 것은 '있는 것이 없다'와 같다. '그런 것은 없는 것이 있다는 데모크리토스의 주장과 오십보백보이다'—아리스토텔레스는 이렇게 말하고 디랙의 생각을 배척했을지도 모른다. 그러나 이제까지 얘기했듯이 단시간 내에 입자, 반입자가 생성됨으로써 진공은 흔들리고 있다. 그것이 장시간의 관측으로는 평균화되고 말아 진공이 갖는 양자역학적인 성질을 볼 수 없게 되어 버리는 것이다.

그런데 아리스토텔레스 이후 사람들이 생각한 고전적 진공 '텅 빈 상태'란 물질—현재로 말하면 소립자—이 전혀 없는 상태이다. 이것은 양자역학적 진공과는 모순되고는 있지만, 만일 아리스토텔레스가 주장하는 '텅 빈 상태'가—현실성은 문제 삼지 않는다 쳐도—우주 전체에 퍼져 있다고 생각해 보면 어떻게 될 것인가? 즉, 우주 공간에는 물질이 전혀 없는 것이 된다. 그러면 진공 중에는 마이너스 에너지 입자가 존재할 수 없게 된다. 왜냐하면, 양자역학적으로는 마이너스의 입자는 반드시 플러스 에너지 입자와 함께 나타나기 때문이다. 양자는 표리일체이다.

만일 이 우주 안에 전혀 물질(소립자)이 없다고 하면 마이너스 에너지 입자도 있을 수가 없다. 그렇다고 하면, 디랙이 주장하는 양자역학적 진공조차도 존재하지 않게 된다. 마이너스 에너지 입자가 충만한 진공이란 물질이 있고서 비로소 존재하는 것이기 때문이다. 겉이 없는데 안이 있을 수 있을까? 물질이 없으면 힘도 존재하지 않는다. 그 결과, 우주 전체가 문자 그대로 '텅 빈' 즉, '죽은 세계', '제로의 세계'가 되고 마는 것이다. '텅 빈 상태'를 궁극적으로 생각하면 이러한 무서운 결과를 초래하게 된다.

그런데 아리스토텔레스는 진공을 물체 운동과의 관계로 보고 있다. 데모크리토스도 또한 '진공과 거기에 떠다니는 원자'라는 식으로 물질과 진공을 대비시키고 있다. 이렇게 물질의 존재를 상정하여 물질세계 속에서 물질을 배제한 상태(고전적 진공)를 만들려고 하면 아무래도 거기에는 마이너스 에너지의 물질이 충만한 양자역학적 진공이 생기고 만다. 그러므로 양자역학적 진공의 존재를 깨달은 우리의 눈으로 보면 애당초 물질세계 안에 물질이 없는 상태를 만드는 것 자체가(논리적으로) 모순을 내포하고 있다.

3. 진공에 미래는 있는가

150억 년 전 우주가 대폭발을 일으킨 후, 진공은 네 번 상전이를 일으켰고 우주는 그로 인해 진화해 왔다. 그리고 그때 새로운 힘이 생겨 입자는 질량을 획득했다. 진공도 힘도 시간의 흐름에 따라 진화된 것이다. 그 모습은 이미 '8-8. 마무리'에서 그림으로 정리해 두었다.

진공이 진화된다면 미래에도 진공은 모습을 계속 바꿀 것인가? 그때, 지금과는 전혀 다른 진공이 나타날 것인가? 그 미래의 상전이에서 질량을 획득하는 것은 어떤 소립자일까? 의문의 바퀴가 점점 확대된다.

진공의 상전이는 우주의 온도와 관계가 있다. 네 번 상전이가 일어났을 때의 우주는 아주 뜨거운 우주였다. 그 우주의 열에너지가 입자의 질량으로 전화된 것이다.

그러나 오늘날 우주의 평균온도는 절대온도 2.7(-270℃)로 매우 차다. 이 열에너지를 질량으로 환산해 보면 전자질량의 5,000분의 1 밖에 안 된다. 그러한 가벼운 소립자로서의 가능성이 있는 것은 뉴트리노뿐이다. 그러나 뉴트리노는 이미 세 번째의 상전이에서 얼마 안 되는 질량을 얻었다.

더욱이, 진공이 상전이할 수 있는 조건으로 진공에 흔들림을 초래할 응축쌍이 생기기 위해서는 입자(반입자)의 밀도가 어느 정도 커야 된다. 오늘날 우주의 평균 입자 밀도는 1㎤ 1개이므로 응축쌍이 생길 정도로 밀도가 크지는 않다.

이런 점을 생각하면, 새로운 힘과 입자를 발생시키는 상전이가 이제는 일어나지 않는다 해도 좋을 것이다. 창조기에 극적인 변모를 한 우주가 지금 완전히 조용해진 것이다.

그런데 여기에서 딱 하나 마음에 걸리는 것이 있다. 그것은 현재의 우주가 미래의 영겁에 걸쳐 팽창을 계속할 것인가, 혹은 도중에서 수축으로 전환될까 하는 점이다. 만일, 수축으로 돌아선다고 하면 다시 한 번 대폭발 당시의 우주가 재현되어 진공은 거꾸로 길을 돌아 원래대로 돌아오게 된다. 즉, 진공의 반진화—지금까지와는 역 상전이—가 일어나는 것이다.

우주론에 의하면, 우주가 이대로 팽창을 계속할 것인가, 수축으로 바뀔 것인가의 갈림길은 우주 전체의 질량으로 결정된다.

그 질량의 기준은 1,000리터 중에 양성자가 3개 정도 있는 것이다. 이것을 '임계밀도'라 한다. 만일 우주의 평균 밀도가 이것보다 클 때는 물질 간의 중력이 팽창에 이겨서 우주는 수축으로 바뀐다. 그렇지 않을 때는 영구히 팽창을 계속하게 된다.

현재 우주의 밀도를 추정한 것에는 많은 불확정성은 있지만 하나의 예를 들면 다음과 같아진다.

(1) 빛나고 있는 별의 질량은 임계밀도의 불과 5%이다.

(2) 빛나지 않는 물질—암석, 죽은 별, 가스, 블랙홀 등—의 평가는 임계밀도의 50%이다.

나머지 45%는 어떻게 된 것일까? 만일, 45%에 상당하는 나머지 물질이 존재하지 않으면 우주는 팽창을 계속하게 된다. 그러나 우주의 어딘가에 아직 관측에 걸리지 않는 질량이 있을 가능성도 없지는 않다. 그것이 지금 문제가 되는 뉴트리노의 질량이다.

뉴트리노는 물질과 약하게 밖에 상호작용을 하지 않으므로 관측이 매우 어렵다. 그 질량이 있다고 해도 아주 미소하여 오늘날의 실험기술로는 여간해서 정밀하게 결정할 수 없다. 한편, 우주에 있는 뉴트리노의 평균 개수는 1㎤ 중 100개라는 방대한 수가 된다. 만일 뉴트리노의 질량이 제로가 아니라 하면 우주의 질량은 그 분량만큼 증가한다. 45%에 해당하는 관측되지 않는 질량이 뉴트리노에 의해서 보급될 가능성도 있다. 그렇게 되면, 우주는 임계밀도를 상회하여 장래에 수축으로 전화하게 된다. 어쨌든, 뉴트리노의 질량이 정밀하게 결정되면 우주의 운명도 확실해질 것이다. 오늘날 우주는 이대로 팽창을 계속할 것인가 혹은 수축으로 바뀔 것인가 하는 아주 미묘한 지점에 와 있는 것이다.

만일 우주가 팽창을 계속한다면 물질은 언젠가 붕괴하며, 우주는 전자, 양전자, 뉴트리노 및 에너지가 낮은 빛이 되어버린다. 이러한 결과는 '대통일 이론'이 10^{30}년 정도로 양성자가 붕괴된다는 것을 예상하고 있기 때문이다. 10^{30}년이라 하면, 우주의 연령(150억 년)의 100억 배의 또 100억 배라는 훨씬 앞으로의 일이다. 어떤 계산에 의하면, 우주 물질의 약 40%가 양성자 붕괴를 일으켜 10^{100}년 후에는 초대질량의 블랙홀도 에너지를 방출하며 소멸하여 질량을 잃게 된다고 한다.

이렇게 되면 진공은 마이너스 에너지 전자와 뉴트리노가 충만한 바다라는 지극히 단순한 구조가 된다. 이미 상전이도 아무것도 일어나지 않는 죽은 우주가 될 것이다.

한편, 만일 수축으로 바뀌게 되면 다시 한 번 우주는 고온이 되며, 진공은 팽창우주와는 반대의 길을 걷게 되어 변화하게 된다. 즉, 진공의 상전이로 인해 이상진공이 생긴 것과는 반대의 프로세스로 갈 것이다. 이상진공이 하나씩 사라져 그 힘이 통일되어 간다. 그리고 다시 한 번 고밀도, 고온도의 우주가 실현되어 대폭발의 시대로 되돌아가 버린다면 다음에 또 팽창을 개시한다고 하는 오늘날과 같은 우주 탄생의 드라마가 전개될 것이다. 이후, 우주는 팽창과 수축을 반복한다. 물질이 있는 한 진공에는 항상 마이너스 에너지를 가진 물질이 꽉 들어차게 되는 법이다. 그리고 진공은 그때마다 진화와 반진화를 계속하게 될 것이다.

여기에서 얘기한 우주의 팽창과 수축에 대해서는 달리 쓰는 일도 가능하다. 여기서는 전형적인 두 가지 케이스에 대해 진공의 미래를 예상했다. 그리고 진공은 항상 우주와 운명을 같이 한다는 진공이 가진 숙명성을 강조해 두고 싶다.

〈표 1〉 쿼크가 갖는 전하

* e는 양성자가 갖는 전하의 크기를 나타낸다. 반업의 전하는 $-\frac{2}{3}e$가 되며, 반입자의 쿼크는 쿼크와 반대 부호의 전하를 갖는다.

전하	명칭				
$\frac{2}{3}e$	업(up) (u)	;	참(charm) (c)	;	톱(top) (t)
$-\frac{1}{3}e$	다운(down) (d)	;	스트레인지(strange) (s)	;	보텀(bottom) (b)

〈표 2〉 경입자가 가는 전하

* 전자의 반입자인 e^+의 약하는 '상'으로 되도록 반입자는 반대 약하를 갖는다.

약하 '상(上)'을 갖는 경입자	전자 뉴트리노 (ν_e)	뮤 뉴트리노 (ν_μ)	타우 뉴트리노 (ν_τ)
약하 '하(下)'를 갖는 경입자	전자 (e^-)	뮤 입자 (μ^-)	타우 입자 (τ^-)

쿼크가 갖는 약하

* 반업 쿼크의 약하는 '하'가 되도록 반입자 쿼크는 반대 약하를 갖는다.

약하 '상'을 갖는 쿼크	업 (u)	;	참 (c)	;	톱 (t)
약하 '하'를 갖는 쿼크	다운 (d)	;	스트레인지 (s)	;	보텀 (b)

〈표 3〉 쿼크가 갖는 색하의 종류

* 첨자 R, G, B 등은 적, 녹, 청의 색하의 종류를 표시한다. 반입자는 반대의 전하를 갖는다.

색하의 종류	쿼크의 종류				
적색	업(u_R)	;	참(c_R)	;	톱(t_R)
	다운(d_R)	;	스트레인지(s_R)	;	보텀(b_R)
녹색	업(u_G)	;	참(c_G)	;	톱(t_G)
	다운(d_G)	;	스트레인지(s_G)	;	보텀(b_G)
청색	업(u_B)	;	참(c_B)	;	톱(t_B)
	다운(d_B)	;	스트레인지(s_B)	;	보텀(b_B)

〈표 4〉

원시 입자	경입자	하전 경입자	e^- μ^- τ^-
		뉴트리노	ν_e ν_μ ν_τ
		하전 반경입자	e^+ μ^+ τ^+
		반뉴트리노	$\overline{\nu_e}$ $\overline{\nu_\mu}$ $\overline{\nu_\tau}$
	쿼크	쿼크	u c t d s b
		반쿼크	$\bar{u}$ $\bar{c}$ $\bar{t}$ $\bar{d}$ $\bar{s}$ $\bar{b}$
원시의 빛	광자		γ
	약중간자		W^+ W^- Z^0
	글루온		G^1 G^2 …… G^8
	X입자		X^1, X^2, X^3, Y^1, Y^2, Y^3
	반X입자		$\overline{X_1}$, $\overline{X_2}$, $\overline{X_3}$, $\overline{Y_1}$, $\overline{Y_2}$, $\overline{Y_3}$

옮긴이의 말

'진공이란 무엇인가'

어떻게 보면 단순한 질문처럼 보이고, 또 대답 역시 간단히 나올 것 같은 느낌이 듭니다.

텅 빈 것으로 생각되던 진공이 사실은 모든 물질이 창조되는 근원지라는 것이 현대물리학에 의해 밝혀지게 되었습니다. 1920년대에 발달한 양자역학(Quantum Mechanics)이 우리 인간이 품고 있던 진공에 대한 지식과 인식을 완전히 뒤바꿔 놓은 것입니다.

진공 속에서 물질이 창조되고, 또 우리가 현재 알고 있는 네 가지 힘—중력, 전자기력, 강력(강한 힘), 약력(약한 힘)—도 사실은 이러한 진공의 상전이로부터 나타났다는 사실은 진공이 곧 우주 만물의 씨앗임을 알 수 있습니다.

이 책은 일상생활에서 경험할 수 있는 진공에서부터 양자역학이 성립하는 세계의 진공까지 재미있고 알기 쉽게 설명하고 있습니다. 물리학을 자세히 모르는 독자가 읽어도 이해가 가리라 믿고, 아울러 이공계 학생이면 이 책을 꼭 읽어 보도록 권하고 싶습니다. 이 책을 접하면 현대물리학이 주는 자연과 우주의 신비로움에 빠져드리라 생각합니다.

이 책을 번역하는 데 많은 도움을 준 아내에게 고마움을 전합니다. 아울러 어려운 역경 속에서도 과학의 대중화에 애쓰시는 손영일 사장님과 전파과학사 직원 여러분들께 고마움을 보냅니다.

진공이란 무엇인가

실은 텅 빈 상태가 아니었다

초판 1쇄 1995년 03월 05일
개정 1쇄 2019년 08월 05일

지은이 히로세 타치시게·호소다 마사타카
옮긴이 문창범
펴낸이 손영일
펴낸곳 전파과학사
주소 서울시 서대문구 증가로 18, 204호
등록 1956. 7. 23. 등록 제10-89호
전화 (02)333-8877(8855)
FAX (02)334-8092
홈페이지 www.s-wave.co.kr
E-mail chonpa2@hanmail.net
공식블로그 http://blog.naver.com/siencia

ISBN 978-89-7044-896-1 (03420)
파본은 구입처에서 교환해 드립니다.
정가는 커버에 표시되어 있습니다.